PM2.5、危惧される健康への影響

▼

中国の汚染、肺がん、喘息、循環器障害、
脳・神経障害、生殖器等次世代への影響

嵯 峨 井　　勝
つくば健康生活研究所・代表
青森県立保健大学・名誉教授
元国立環境研究所大気影響評価研究チーム・総合研究官

本の泉社

はじめに

　2013年の年明け早々から、中国のPM2.5汚染が激化し、それが越境して日本にも飛来していることが報道され、人々は大変な不安と危惧を感じました。越境汚染は九州地方では年間汚染の約60%を占め、関西では約50%、関東地方でも40%近いと推定されています。しかし、中国の大気汚染の急速な改善は期待できません。

　一方、国内のPM2.5汚染もいまだ無視できません。国内の発生源は圧倒的に大都市部を中心とするディーゼル車です。モクモクと吐き出されるあの真っ黒いススがPM2.5で、ディーゼル排気微粒子（DEP, Diesel Exhaust Particles）がその本体です。もちろん、自動車の8割を占めるガソリン自動車からもPM2.5は出ますが、全体の数%にすぎません。

　その他のPM2.5の発生源は、石炭・石油を燃料とする工場、発電所、ごみ焼却場などです。しかし、国内ではこうした石油・石炭燃焼工場・施設には厳しい環境対策が義務付けられており、その効果が表われ大気の環境基準達成率は向上しています。日本でこうした対策が進むまでには50年以上の汚染とそれに対する健康被害者の闘い、およびそれを受けた対策の歴史がありました。

　一方、膨大な人口の中国では家庭用暖房はいまだ石炭が主な燃料で、工場のエネルギー源も圧倒的に石炭で、世界の石炭の50%を消費しています。しかも、環境汚染防止対策はあまり施されていない。急速な経済発展を遂げたのはここ10～15年で、その急速さゆえに環境対策や法整備も不十分なのが実情です。そのため、冬季に寒気団が停滞し風が吹かない気象条件のもとではPM2.5が極端に高濃度になりやすいのです。

　そうして日本に飛来したPM2.5が人に気管支炎、気管支喘息、花粉症あるいは肺がんなどの呼吸器疾患を起こすことが危惧されて

はじめに

います。また、PM2.5 あるいは DEP は心臓疾患や脳卒中などの循環器系疾患の死亡率を上昇させることも知られています。さらに、人の認知機能を低下させることまで報告されているのです。

一方、動物の吸入実験では PM2.5 あるいは DEP が血管を通って脳にまで侵入し、そこで炎症を起こしアルツハイマー様の病態を起こしていること、また胎児期に母親が DEP を吸うと次世代の子供の脳・神経にまで影響が及んでいることが報告されています。動物実験では生殖器系にも侵入し精子数の減少や精子の奇形あるいは奇形児の出生など次世代への影響も沢山報告されています。

当然ながら、PM2.5 あるいは DEP の健康影響が完全に分かっている訳ではありません。しかし、極めて深刻な影響を起こす汚染物質であることは疑いありません。例えば、発がん性に関してみれば、世界保健機関（WHO）の国際がん研究機関（IARC）は、1988 年にディーゼル排ガスを人に対する発がん性の 5 段階評価で上から 2 番目（グループ 2A）に位置付けていたのですが、2013 年 10 月にダイオキシンなどと同じ最上位（グループ 1）の発がん物質に認定しました。今後も、様々な研究の進展につれて、上記の脳・神経系や生殖器系への影響評価も正しく認識されて行くことでしょう。常に、「もしかしたら、その危険性があるかもしれない」と考えていただきたいのです。

また今日では、PM2.5 の影響と共に、それよりさらに小さな超微小粒子（ナノ粒子）の健康影響が危惧されています。ディーゼルエンジンを改良すればするほど超微小粒子の数が桁違いに増えます。目には見えず、測定も困難な新たに注目すべき汚染物質です。今後、産業の高度化や技術の進歩につれてそうした新しいタイプの粒子状汚染物質が表れることでしょう。こうした環境汚染に、より多くの人が関心を持ち、汚染の防止に努めていただきたいものです。

国・行政もこれまでの公害事件のように、因果関係を否定して責任逃れに終始するのでなく、「もしかしたら関係があるかもしれない」と真摯に受け止め、可能な限りの対策を立てるという意識改革とそれを実行できるシステムを構築していただきたいと思います。従来の公害事件では、そうした思考はなされず多大な被害を拡大してきました。そこには、人の痛みを知ろうとする気持ちが無かったように思います。もし担当者・責任者に、この被害が自分の子供や家族に起こったらと考える気持ちが少しでも有ったら事態はもう少し違っていたのではないかと思います。

　本書では、中国のPM2.5汚染の現状と原因の紹介から始め、国内のPM2.5のかなりの部分はDEPであることを述べ、人への健康影響と動物実験で知られている広範な健康影響を紹介しました。さらに、ディーゼル排ガスが気管支喘息の原因物質であることを証明した私達の研究プロセスとその結果をもとに裁判で闘わされた因果関係論争を紹介しました。その背後には非常に多くの被害者が苦しい病気や生活と戦いながら裁判を闘ってきた歴史があります。こうした歴史を少しでも広く知っていただき、今後は自分の身の周りに被害者を出さないために、環境をきれいに保全することがいかに大切かを知っていただければと思います。本書がそうした理解の一助になれば望外の喜びです。

　　2013年　12月　　　　　　　　　　　　　　　　　　　嵯峨井　勝

目　次

はじめに …………………………………………………………………… *2*

第1章　中国の大気汚染（PM2.5） ………………………………… *7*
1. 中国、異常な大気汚染の現状 ………………………………… *7*
2. 中国の大気汚染の原因 ………………………………………… *12*
3. PM2.5の日本への影響、私達が独自に心がけるべきこと ……… *25*

第2章　PM2.5とはどんな物質か ………………………………… *31*
1. PM2.5は大きさで分けた様々な物質の複合体 …………………… *31*
2. PM2.5の体内侵入経路および粒子サイズと健康影響の関係 …… *39*

第3章　PM2.5あるいはDEPの人への健康影響 ………………… *41*
1. 人の死亡率に及ぼす影響 ……………………………………… *41*
2. 呼吸器系への影響 ……………………………………………… *45*
3. 循環器系への影響 ……………………………………………… *57*
4. 認知機能への影響 ……………………………………………… *59*

第4章　動物実験で分かった健康影響とその作用メカニズム ……… *63*
1. DEPあるいはPM2.5の毒性メカニズムについて …………… *63*
2. 呼吸器系疾患の発症メカニズム ……………………………… *69*
3. 環境ホルモン作用（生殖器系の異常）とそのメカニズム ……… *77*
4. 骨への影響 ……………………………………………………… *82*
5. 脳・神経細胞への影響 ………………………………………… *84*

第5章　ディーゼル排ガスによる気管支喘息発症の証明とその因果関係論争 〜我ら、かく闘えり〜 ……………………………… *89*

1. 公害激化時代と公害健康被害補償法（公健法）の成立 …………… *89*
2. ディーゼル排ガス微粒子（DEP）と気管支喘息の発症に関する研究のスタート …………………………………………………… *99*
3. ディーゼル排ガスで喘息が起こることを支持する証拠が蓄積 …… *115*
4. 法廷における因果関係論争 ……………………………………… *119*
5. PM2.5の環境基準値の策定、大型道路建設の問題 ……………… *140*

終わりに ……………………………………………………………………… *141*

第1章 中国の大気汚染（PM 2.5）

1．中国、異常な大気汚染の現状

なぜ、今になって？

中国の大気汚染は、1990年代後半からの急速な経済発展にともない、深刻な社会問題になってきました。そして2013年1月10日から月末にかけて、PM2.5汚染が北京をはじめ多くの大都市でこれまでにない高濃度で長期に渡って続いたのです。

PM2.5とは、特定の物質を指す名前ではなく、大きさが2.5マイクロメートル（μm、$1\mu m$は1mmの千分の1の長さ）以下の非常に小さな粒状の汚染物質のことで、微小粒子とも呼ばれています。その発生源は、主に自動車、石炭・石油を燃やす工場、発電所、家庭暖房などからの排ガスです。さらに加えて、それら排ガス中の二酸化硫黄（SO_2）や二酸化窒素（NO_2）が、太陽の光を受けた光化学反応で生じる硫酸イオン、硝酸イオンなどの二次生成粒子もあります。

2013年1月の北京では1時間当たりの平均値が$900\mu g/m^3$前後にもなったのです（図1-1）。その後も、旧正月に当たる春節（2月9〜15日）の間も74都市の平均濃度は$426\mu g/m^3$でした。日本のPM2.5の環境基準値は1日の平均濃度が$35\mu g/m^3$以下ですから大変な汚染です。こうした汚染は国土の4分の1に広がり、その影響は全人口の半分近い6億人以上に及んだと言われています。

一方、その汚染源を見ると、例えば北京市の2012年1月のPM2.5の

PM2.5、危惧される健康への影響

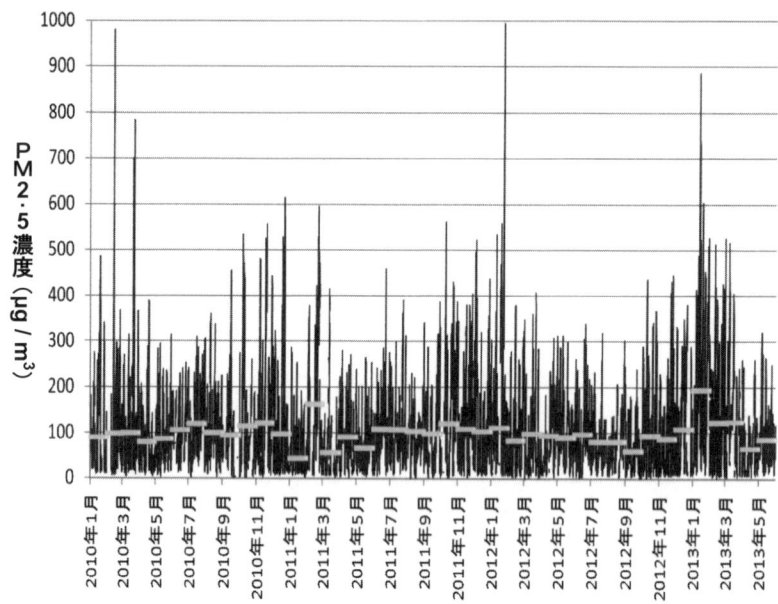

図 1-1. 北京における PM 2.5 の 1 時間値 の変化（米国大使館が測定）
データは 2010 年 1 月 1 日から 2013 年 5 月 25 日までの 1 時間ごとの平均値を示す。太い横バーは 1 ケ月の平均値。なお、日本の環境基準値は、日平均値が $35\mu g/m^3$ 以下で、年平均値は $15\mu g/m^3$ 以下である。月平均値の基準値はない。

排出源は、近隣の天津市や河北省からの越境汚染が25%と最も多く、続いて自動車由来22%、発電所・工場・家庭などの石炭燃焼17%、粉じん16%、自動車やその他の工場での塗装噴射揮発16%、農村のわら焼きなどから5%、とされています。

このPM2.5は気管支炎や気管支喘息、花粉症、肺がんなどの呼吸器疾患の他、心疾患や脳卒中などの循環器疾患および生殖機能、記憶・認知機能等にも影響することが知られています。北京に1日滞在すれば、タバコを20本以上吸ったと同じ粒子量を吸い込んだ計算になるといいます。幼いころから、毎日タバコを20本も吸わされると思うと空恐ろしいことです。

事実、2013年3月31日に北京で開催された「大気汚染と健康への影

8

響に関する学術シンポジウム」で、2010年に中国で大気汚染が原因と疑われる症状で早死にした人は120万人を超え、この年の死亡者の15％を占めたと報告されたそうです（The Global Burden of Disease Study、2010）。その内容を見ると、脳血管疾患（脳卒中）死亡者が半数の約60.5万人、（虚血性）心疾患が約28.3万人、肺疾患が約19.6万人、呼吸器系のがんが13.9万人、呼吸器の感染症が約1万人であったといいます。膨大な影響が出ていることに驚かされます。

こうした驚くべき高濃度汚染は寒気団が居座り風も吹かない真冬の現象と思っていましたが、2013年10月20日夜から21日にかけて、東北地方黒竜江省ハルピン市で一時1000μg/㎥を超え、濃度の測定ができないほど汚染がひどくなりました。視界は50m以下まで落ち、飛行機は141便が欠航し、高速道路は全面閉鎖になり交通事故が多発し、すべての学校が休校になるなど、市民生活に多大な影響が出ました。これは、10月20日に公共暖房の供給が始まり、石炭が大量に使われ始めたことによるといいます。冬に向かって今後もこうした深刻な汚染が続くと予想されています。

中国でPM2.5の大気汚染問題が表面化したのは、2008年の北京オリンピック直前の春からでしょう。北京にある米国大使館がPM2.5濃度を測り、その値を公表したことに始まります。

図1-1には、米国大使館が測定した2010年1月1日から2013年5月25日までの1時間当たりのPM2.5濃度を示しています。汚染は昨年突然騒がれたように思われていますが、10年以上前から毎年同じような汚染が続いていたのです。図中に太い横バーで示した<u>月平均値</u>を見ると、これまでも100μg/㎥前後で大変な汚染でした。そして、2013年1月には月平均値が約200μg/㎥にも達したのです。

これは、大規模な寒気団が中国全土を覆い風がほとんど吹かず、汚染に蓋をする格好になりPM2.5が滞留し続けたためです。2013年は気象条件の影響も大きかったのですが、そもそもそれを上回る汚染を放置し

てきたことが問題を深刻にしたと思います。例えば、2008年の北京オリンピックの時も大変な話題になり、様々な対策が実施され汚染レベルは低下したのですが、オリンピックが終わると忘れ去られ、その後は効果的な対策もなされず、経済発展にすべての資源を注いできたのです。

中国の大気汚染と北京オリンピック

　中国の大気汚染の深刻さが広く世界に知れ渡ったのは、先にも触れたように、2008年北京オリンピックの年の春のことです。当時、屋外競技、特にマラソンができるかどうかが真剣に心配されました。マラソンは、長時間走り続け汚染空気を大量に吸うので呼吸器障害の危険性が指摘されていたためです。実際、エチオピアのマラソン世界記録保持者が、健康への危険を考え出場を断念しました。彼は、喘息の持病があるため、「中国の大気汚染は私の健康にとって脅威だ」とのコメントを出し、断念したのです。女子マラソンでも、世界記録を持つイギリス人選手が喘息の持病があるため出場を危惧した経緯があります。

　こうした事態は、中国にとっては国の威信を傷つけるものです。そのため、北京ではオリンピック開催前から市内の交通を大幅に制限し、近郊の工場を移転させたり休業させ、さらには北京市上空で人口雨を降らせるなどの懸命な対策を施し、無事に開催に漕ぎつけました。しかし、オリンピック後も、経済発展を最優先させてきた中央政府や地方政府、中国国民の大気汚染に対する意識はあまり変わらず、汚染は以前に戻ってしまいました。日本も、中国に対して様々な大気汚染防止対策や汚染低減技術の支援を行ってきましたが、中国が熱心に取り組んだ様子はあまり見られなかったようです。

気管支喘息増加率の推定

　中国の汚染は驚くべきレベルで大変な健康被害が予想されます。例えば日本では、1997年に環境庁（当時）が、粒子状物質による学童の喘

息様症状の罹患率は環境基準値と同等レベルでも田園地区の2倍であったと報告しています（NOx等健康影響継続観察調査報告、1997年）（51頁の図3-6参照）。なお、この粒子状物質はPM2.5より大きな10μm以下の浮遊粒子状物質（SPM、Suspended Particulate Matters）を採用しています。SPMの環境基準値は1日平均値で100μg/㎥以下、1時間の平均値は200μg/㎥以下と決まっています。SPMの年平均値は決っていませんが、経験的に日平均値の半分が年平均値に近いとされています。また、PM2.5の環境基準値は2009年に決められ、1日平均値が35μg/㎥以下、年平均値が15μg/㎥以下です。

ちなみに、都市部のSPMの約7割がPM2.5です。このことは、SPM汚染が環境基準値の100μg/㎥の時、PM2.5汚染は70μg/㎥であることを意味します。なお、発表される1日平均値とは1時間ごとの測定値を合計して24で割った値であり、年平均値とは日平均値から上位2%の高い値を除いた年間積算値を積算した日数で割って計算されたものです。

この値から仮の計算として、PM2.5汚染が1日平均70μg/㎥というレベルが長期に続くと、学童の気管支喘息のり患率は田園地区の学童の2倍になると推測されます。これから上記北京の306μg/㎥の場合で計算すると、気管支喘息の発症率は8.7倍となり、天津の577μg/㎥の場合では16.5倍にもなります。いかに、中国の大気汚染が深刻であるかが分かります。

なお、PM2.5の基準値が決まったのは、SPMのみの基準値では国民の健康を守れないという公害健康被害者の強い要望に押されて、米国より12年遅れて米国と同じ値に決められました。2000年の大気汚染公害裁判でDEPと気管支喘息の因果関係が認定され、その後の判決も同様に続いたのに、国はその因果関係を認めず、環境基準値の設定をその後も10年近く放置してきたのです。さらに今日も、国はこの因果関係を否定し、排ガス汚染による喘息患者の救済は行っていません。

11

2. 中国の大気汚染の原因

中国の自動車の驚異的増加

　中国の自動車の増加は 2000 年代前半までは比較的ゆっくりでした。例えば、1990 年の保有台数は 550 万台で、年間の増加は 50 万台前後でした。しかし、**図 1-2** に示すように、2000 年代後半に入ると劇的に増加しはじめ、2008 年から 2012 年までの間には年間 900 万台から 2000 万台へと増加の一途をたどり、2012 年には総数が 1 億台を超えました。北京市内では自動車が毎日千台ずつ増えているといわれます。このような急速な増加のため、大都市では慢性的な渋滞が続き、大気汚染の元凶になっています。1990 年代ころまでは、北京市内は自転車の大群が通行していたのですが、国民生活が向上し誰もが車を買えるようになったためです。

　また、この間に中国国内の自動車メーカー数も自動車保有台数増加曲線と似た増え方をし、今日では大小合わせて 100 社近くになっているといいます。そのため、多くのメーカーは研究開発力が弱く、エンジンの排ガス対策も不十分で、大気汚染の要因になっています。

　また、自動車の他に低速自動車とオートバイも多く、台数の比率は 2009 年時点で、自動車 37%、低速自動車 7% およびオートバイ 55% です。また最近は、個人が所有する乗用車が飛躍的に増えています。今まで、オートバイしか買えなかった人が乗用車を買うようになったのです。その為、2035 年には、中国の自動車は 4 億 5000 万台になると推測されており、今の 4.5 倍で国民 3 〜 4 人に 1 台の割合です。そこまで増えると、大都市部の交通渋滞は救いようのない状態になることは火を見るより明らかです。数年前、火力発電所の需要ピークの夏場に北京に石炭を運ぶために 100km におよぶトラックの渋滞が続き、重大な大気汚染を招いた例もあります

　振り返って **図 1-2** を見ると、米国では今日も緩やかながら増え続け、

第 1 章　中国の大気汚染（PM 2.5）

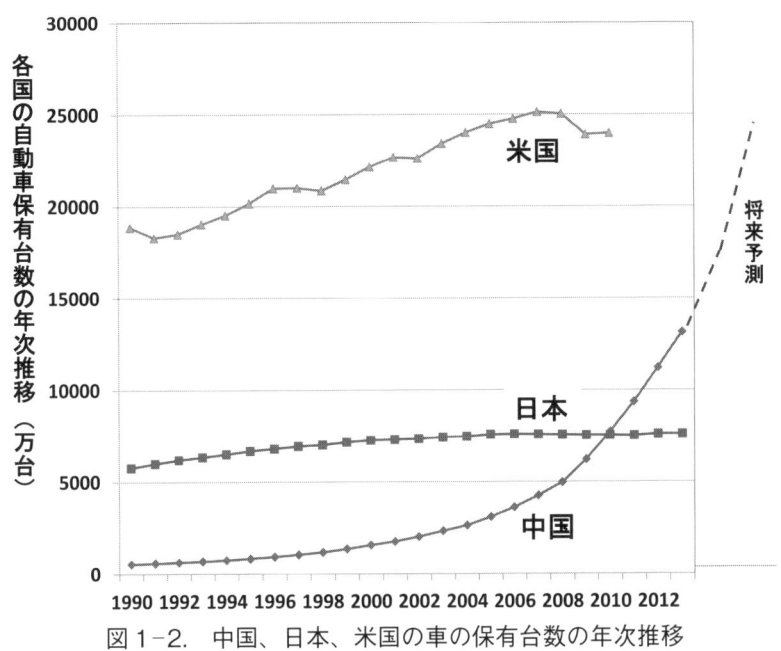

図 1-2．　中国、日本、米国の車の保有台数の年次推移

単位は万台、「日本自動車工業会資料より」。中国は 2035 年には 4.5 億台になると推定されている。2013 年には年間新車販売台数が 2,198 万台となり世界一となった。

2 億 5000 万台に達し、赤ちゃんも含めてほぼ国民一人に 1 台の割合です。一方日本では、図 1-2 と次頁の図 1-3 に示すように、1960 年代から 2000 年頃までは直線的に増加していましたが、2000 年代に入るとほとんど頭打ちになっています。しかし、2000 年頃までは自動車が増えるから道路を作る、道路が増えるから車が増える。その悪循環で、大渋滞が起こり大都市部では大気汚染が深刻化し気管支ぜんそく患者が多発し、さらに花粉症患者も激増し大きな社会問題となりました。花粉症、すなわちアレルギー性鼻炎もディーゼル排気ガスで誘発されます。加えて渋滞が慢性化し、渋滞による経済損失は年間 5 兆円にも及ぶと推計されていました。ただ、日本ではそうした問題も過去 40 〜 50 年間で段階的にエンジンの改良や法規制が強化されながら少しずつ解決してきました。それは、被害住民や市民の多大な反公害運動が生んだ成果です。

13

PM2.5、危惧される健康への影響

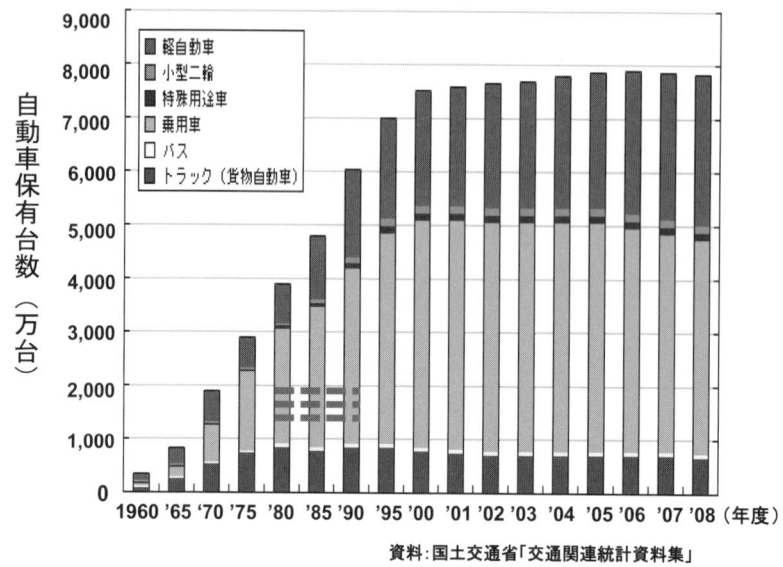

図1-3. 日本の自動車台数増加の年次推移

1960年から2000年までの40年間で20倍以上に増加。この間、ディーゼルエンジンのトラック、バスも増加した。2000年以降は車の総台数の伸びが止まり、軽自動車の割合が増えている。

しかし、中国はたかだか10数年でここまで増えてきたことと、被害住民や市民が被害の実態を訴えて改善を求められる社会制度ではありません。その上、法的整備も交通インフラ整備もまだまだ遅れています。これら問題の解決には膨大な時間がかかります。さらに、汚染データや開発計画などのあらゆる情報の開示と国民の意見を聞く民主的制度が無くてはかないません。法治国家ではない国では極めて難しい課題です。

古いディーゼル車の排ガス汚染

また、中国では1990年代に登場した古いエンジンを搭載したディーゼルエンジントラックが非常に多いのが実情です。中国の主なトラック企業は第一汽車、東風汽車など名門の国有大企業が多く、豊富な資金力を背景に政治力も強いのです。彼らは、「ディーゼルエンジンの排ガス規

制が強化されれば、技術力の高い日本や欧米のメーカーを利することになる」とし、政府に圧力をかけ規制強化を阻止してきたのです。高額な設備投資をしなくても今のままで十分利益を生んでいるというのです。エンジンの改良などに設備投資する意識はないのです。

　こうした、政治力が強い立場の人の法令順守精神の欠如と既得権益死守の姿勢が大気汚染をさらに拡大してきたといえます。国民の健康より己の利益を優先し、政府も政治力の強い大企業を規制することができないのです。

　日本のような民主主義国家においてさえこうしたことはしばしば見られました。ディーゼル車規制の遅れはその最たるものです。また、福島の原発事故も大企業に物を言えない体質の中で起こった最大の環境汚染事件です。

　このように、自動車が急速に増えてきたこと、旧式エンジンのディーゼル車が多いこと、渋滞が慢性化していることに加え、日本では考えられない過積載車のため、排ガス中のPM2.5量がより多くなっています。エンジンは荷物で負荷が強くなればなるほど黒煙（PM2.5）を沢山出します。よくもそんなに積めるものと積載技術に感心するほどの荷物を積んで走っています。そのため、過積載による事故が多いことも中国では日常茶飯事です。

低質なガソリン、軽油の影響

　ディーゼル車の燃料の軽油には硫黄がかなり含まれています。硫黄分が多くガソリンの質が悪いことも大気汚染の大きな原因になっています。

　現在、中国はヨーロッパの基準を導入し、国内ほぼ全域で「国3」と呼ばれる「ユーロ3」に相当する環境基準値を決め、ガソリン中の硫黄分は150ppm以下、軽油中の硫黄含量を350ppm以下としています。これは、ガソリン1kg中に硫黄分が150mg以下、軽油では350mg以下と

いうことです。日本やヨーロッパの基準は10ppm以下ですから、ガソリンで15倍、軽油では35倍ゆるい基準値です。

　一方、上海では50ppmという国4基準（ユーロ4相当）を決め、北京では10ppmという国5基準（ユーロ5相当）を独自に決めています。しかし、上海や北京でもその基準が十分に守られているわけではない上に、その他の地域では国3基準（ユーロ3相当）のままなので効果はあまりないのが実情です。

　中央政府は、2013年度中に国5の基準（ユーロ5相当）にすることを決め、2017年までに全国で実施するとしています。そのためには多大な精油コストがかかります。原油価格は国が定めています。これまでも、経済優先でガソリンや軽油の価格をあげてはならないと政府自身が言ってきたのです。現在でも石油精製所は赤字なので、その増加分のコストをどう負担するのでしょう。

　とはいえ、日本やヨーロッパにしても硫黄分が10ppm以下という厳しい国の基準を実施に移したのは各々2007年と2009年（ユーロ5）で、比較的最近です。その中でも、日本では石油業界の自主的努力で国の規制を2年近く前倒しして実施しました。一方、米国は2006年に15ppmとしたままで現在もその基準です。

　一方、中国では石油精製の設備投資で品質を上げるよりも、経済発展を優先させてきたことは先に述べた通りです。中国では二大国営企業が石油の精製、輸入、販売を独占しています。その企業の社長は政府の副大臣級の人です。そのため、身内と言える巨大企業に規制強化し新たな設備投資を迫るなどできないのは、自動車メーカーの国営大企業の場合と同じです。いわんや、コスト転嫁により小売価格を上げることには政府も反対していたのです。

　国を上げて経済成長を追求してきたのが今日の問題の根源です。石油精製にかかるコスト増加は経済発展に極めて重い負担を強いることになり、国民生活を圧迫することは明らかです。国民の不満が募って現在の

第1章　中国の大気汚染（PM 2.5）

社会体制が不安定化する危険性もありえます。政府にとっても国民にとっても環境汚染の付けは膨大なのです。

甘い排ガス基準

中国では、1983年に初めて新車の排ガス基準が決められました。その頃はまだ自動車による大気汚染はあまり問題ではありませんでした。その後、先に述べたような急速な自動車の増加に伴い、2000年に国家Ⅰ級排出基準（国Ⅰ）、2004年に国Ⅱ、2007年に国Ⅲ、2008-9年に国Ⅳとだんだん厳しい基準が公布されてきました。

2009年時点の国Ⅲ以前の車の割合は75％以上です。新基準はその時点の新車に課せられた基準で、それ以前に売られた車はそのまま使い続けています。75％以上を占める国Ⅲ以前の適合車が国Ⅳに入れ替わるには十年単位の時間がかかることは先進国の例を見ても明らかで、解決が難しい問題です。しかし、それを国策として急速に進めなければ、更なる国民の負担、不満を募らせ、社会不安を招きかねません。

1994年7月、私は初めて中国を訪問しました。この時、市内のタクシーは模型自動車のチョロキュウ・タイプで、運転手を含めて4人乗ったら荷物はほとんど積めない程の小型車でした。人々は多くが自転車かバイクでした。しかし、4年後3回目に訪問した時、タクシーはほとんどが日本のブルーバードタイプに変わっており、自動車を持つ人も増えており、その経済成長の速さに驚かされたものです。

ところが、最近10年間の増加はその頃とは比べものにもなりません。豊かになった国民が自家用車を持つようになったからです。しかし、その先にある大気汚染や渋滞問題を考えると真剣に交通対策を考えなければ、取り返しのつかない事態になることは火を見るよりも明らかです。

家庭用暖房、工場、火力発電所の石炭利用

もう一つのPM2.5汚染の原因は石炭です。現在、中国の石炭消費量

は全世界の消費量の50％を超えました（2013年世界エネルギー総計年鑑）。中国の石炭は硫黄分が多く質が悪いため冬期の大気汚染を深刻にしています。中国では、上海と西安を結ぶラインの北側地方の家庭暖房は、多くが今も石炭です。1964年の毛沢東の石炭配給政策以来の慣例で、中国では石炭が豊富なために取れた政策です。

　家庭の暖房による大気汚染と共に問題なのは、石炭を使っている発電所や多くの工場からの排煙（排ガス）です。それら多くの工場の設備はいまだ古く、排ガスの環境基準値も先進国より極めて甘く、工業部門と生活部門の排出比率は2004年当時のデータでも約4：1で、工業部門が圧倒的でした。この比率は今日も変わらないと言われています。

　エネルギーは産業活動や国民生活にとって必須です。エネルギーが豊富であればあるほど産業活動は活発になり、経済は発展します。中国の一次エネルギー供給量の燃料構成比は2007年のデータで、石炭64.2％、石油18.3％、天然ガス2.5％、原子力0.8％で、圧倒的に石炭に依存しています。石炭は石油や天然ガスに比べてCO_2やPM2.5の発生が極めて多く、燃焼条件にもよりますが、ほぼ10:8:6の割合です。中国も石油や天然ガスに切り替えたいのですが購入費用が高く膨大な負担になります。さらに、国内の石炭産業を潰すわけにもいきません。ですから、今後も長期にわたってエネルギー構成が顕著に変わることは無いといえます。

工場の排ガス規制の現状

　中国も法規制は少しずつ進み、工場にも排ガス規制があります。工場が排ガスデータの報告を拒否した場合、法による罰金が科せられます。しかし、その罰金は日本円換算で約75万円。また、実際に排ガスが基準値を超えた場合の罰金は約150万円で済みます。これでは、義務の排ガス制御装置を設置するより罰金を払うほうがはるかに安上がりです。しかも、行政が実際に罰金を徴収した例は稀といいます。法があってさ

え、その執行に透明性が無いのです。

　こうした法体系の欠陥や責任ある当事者の権力の強さ、問題意識の低さ、利益優先思考などが問題の解決を難しくしているのです。

　ちなみに、米国のエクソン・モービル社が2008年に排ガス管理と報告を怠って課せられた民事制裁金は4億6700万円でした。激しい社会的批判を浴びた上に企業の信用を落とし、高額な罰金を払うより設備を改善する方が安上がりになる法体系なのです。

　こうしたことから、中国の全ての工場が電気集塵機や脱硫・脱硝装置などの排ガス浄化装置を設置することを国際的に要求し、支援することが求められています。従来通り軍事費を増やし続けるのか、環境対策に本腰を入れるのかで中国の国際評価は別れることでしょう。

二酸化硫黄（SO_2）汚染の改善傾向

　一方、SO_2除去のための脱硫装置は日本など海外からの援助で設置が進み、工場地帯でのSO_2汚染はかなり改善しました。1990年代のSO_2汚染は深刻で、日本のSO_2規準値の3〜4倍の0.12〜0.18ppmにもなっていました。特に、重慶、貴陽、瀋陽のような内陸部の工業地帯では昔の四日市や川崎、大阪などの最悪期以上でした。

　しかし、2000年代に入ると環境技術援助の効果が表れ顕著な改善が見られ、現在では日本の環境基準値（0.04ppm）近くになっています。

　それにもかかわらず、今日もなお中国は世界一のSO_2排出国です。そのため、酸性雨問題も拡大し、全国土面積の30％で雨水の酸性度（pH）が5.6以下です。また、石炭灰の中にはアルミニウムが酸化物として20〜30％も含まれ、地上に降下しています。アルミニウムは酸性土壌では容易に溶け出し、植物の成長を傷害するとともに飲料水系にも混入し人の脳などにも蓄積します。中国では、ただでさえ少ない森林をさらに痛め、植物の生えない土地になっています。その結果、植物のCO_2吸収力が低下してCO_2排出量も世界一で、その現状を改善するの

を困難にしています。それに加えて、PM2.5汚染はいまだ有効な対策が取れず、大気汚染の健康や生態系への影響は極めて深刻です。

一方、自動車や石炭発電所や工場などからのNO_2排出量は増え続けています。2003年からの10年間で約2.5倍以上に増えています。これは、エネルギー使用が増え続けているのに脱硝（NO_2除去）装置の普及が追いついていないためです。脱硝技術は難しく脱硝装置は高いためです。

石炭燃焼によるその他の有害排出物質、水銀とフッ素

石炭は炭素でできている燃料ですが、その中には水銀やフッ素をはじめ多くの微量成分も含まれており、その種類はすべての元素と言ってもよいほどです。

採炭地によって違いますが、全世界の平均値で見ると、最も多いのは硫黄（S）で約20,000ppm（0.02%）。続いて鉄（Fe）、アルミニウム（Al）、カルシウム（Ca）、ケイ素（Si）などが約10,000ppm（0.01%）含まれています（石炭利用次世代技術開発調査（財・石炭利用総合センター報告書））。これらの成分は、技術的には電気集塵機や脱硫・脱硝装置でほとんど除去できます。

しかし、石炭燃焼設備から排出される物質で最も人体影響が大きいとされている水銀（Hg）は約0.012ppmという非常に微量ながら、その揮発性の性質ゆえにほとんどが大気中に放出されます。今日、世界中で大きな問題になっており、特に中国の石炭からの水銀排出量は全世界の3分の1にも達しています。大気中に放出された水銀は雨と共に湖や海に降下し微生物によってメチル水銀に変わります。それが、プランクトン→小魚→大型魚へと食物連鎖で濃縮され、それを食べる私達の体内に蓄積します。2006年の水銀国際会議では、妊婦や胎児に水俣病のような健康被害を及ぼす可能性が警告されています。

また、フッ素は石炭によって違いますがおよそ50〜500ppm含まれ

ています。今日、フッ素の広域汚染は知られていませんが、中国農村部の貧しい家では煙突もないカマドで石炭を燃やしています。それを吸い、家屋内で乾燥させているトウモロコシや米などの農作物に付着し、それを食べています。フッ素は飲料水にも混入します。その結果、歯や骨に異常をきたす歯芽フッ素症や骨フッ素症を発症し、日常生活が困難なほどの後天的奇形も現れています。特に、子供に多いのが気の毒です。石炭による健康影響はPM2.5だけではなく、極めて広範囲です。

もう一つの大気汚染物質、黄砂

　黄砂は、中国やモンゴルの砂漠地帯から飛んでくる、非常に小さな土壌由来の粒子です。黄砂は土壌・鉱物質を主成分とし、大きさは1〜10μm位で、その表面には細菌やカビが沢山付着しています。

　この黄砂の細菌やカビは呼吸器疾患や感染症、心臓や脳の循環器疾患などを起こすとされています。具体的には、気管支炎、気管支喘息、アレルギー性鼻炎（花粉症）、心臓疾患や脳卒中などの増悪化やそれらによる入院や死亡率の上昇です。また、ニッケルもかなり含まれており、それによる肌アレルギーが起こることも知られています。

　ネズミの実験では生殖器系や脳・神経系への影響も報告されています。その他にも、田畑や家屋、家畜への被害、日照の悪化や交通障害などもあり、その飛来による東アジア全体での経済的損失は7000億円を超えると試算されています。

　一方、この黄砂は、降下した内陸部では土地を肥やす効果や海に降下してプランクトンの生育に寄与しているともいわれ、その予期せぬ副次効果に驚かされます。

　黄砂の主な発生地はタクラマカン砂漠、ゴビ砂漠、黄土高原などで、アジアン・（サンド）ダスト（Asian (Sand) Dust）と呼ばれています。それは風に乗って数千m上空まで巻き上げられ、それが毎年2〜5月頃に偏西風に乗って国境を越えて日本や韓国、台湾などに飛んできてい

ます。さらに遠く太平洋を越えてアメリカにも飛来していることが分かっています。なお、日本に飛来する黄砂は4～5μmの所に粒径ピークを持つもので、PM2.5の倍くらいで、むしろSPMと言った方が良いと思われます。

　また、この黄砂は、先に述べた中国国内の自動車や東部工業地帯で排出されるPM2.5と反応してより毒性の強い粒子となって飛来していることも金沢大学薬学部の早川和一教授らの研究で分かっています。すなわち、飛来途中の大気中で黄砂の鉱物成分が触媒となりPM2.5の中の有機炭素成分(多環芳香族炭化水素、PAHs)をニトロ化したニトロアレーン(NO_2-PAHs)と呼ばれる物質ができるといいます。このニトロアレーンはPAHsより数段発がん性が強く、また環境ホルモン作用、アレルギー作用なども強いことが知られています。

環境問題の根本原因は政治体制そのものにある

　こうした環境問題の根本原因は国の経済至上政策に起因しているといえます。中国では土地は国有で、人々はその使用権を借りているだけ。その使用権の売却や開発許可の権限はすべて地方政府が持っています。その利用権を農民から奪い取るような安い値段で買い戻して企業に売り渡し、工場や商業施設を建て税収を増やすことで地方政府の財政は潤ってきました。政府庁舎や商業施設、マンションなど非常に豪華なものが立ち並んでいます。さまざまな工場をはじめとする地元企業が地方政府の税収を支えています。その税収の多寡によって役人の出世が決まる仕組みなので、官民ぐるみで経済発展に邁進し、環境汚染対策はほとんど鑑みられなかったのです。さらに、汚染の事実もことごとく隠蔽してきたのでしょう。工場が環境基準を守っているかどうかをチェックする機能も全く働きませんでした。

　しかし、経済優先の付けが巡り巡って今回のPM2.5汚染という形で国民を苦しめる結果になっています。汚染はPM2.5だけではありませ

ん。工場が汚染防止対策もしないまま様々な化学薬品を垂れ流して池や河川を汚し、それが土壌や地下水系を汚し飲み水を汚染する。農作物も汚染する。そうした汚染を知らずに食べ、飲み続けてきた村にがんが多発する。がん症村として政府も認めざるを得ない深刻な状況になっています。

　こうした生命にかかわる深刻な環境問題は地方政府や共産党への批判につながり、やがて支配体制そのものを脅かしかねません。中国は一党独裁国家です。一党独裁を維持し国民の不満を和らげるためにさらなる経済成長、生活向上を追求しなければなりません。事実、国民の不満を和らげるために、中国では働く人の賃金を毎年15％ずつ上げて、2011年から2015年までの第12次5ケ年計画の間に所得を2倍にするという「所得倍増計画」を推進しています。しかし、最近はこの賃金上昇で、企業は競争力を失い、外国企業は中国から撤退し、タイ、ベトナム、インドネシアなどへ転出する傾向が進んでいます。また、政府が国策として決めている外国為替相場は元高のままで、外国企業にとっては非常に不利益な状態です。その結果、中国の輸出が段々落ちています。そうした状態で、国民の豊かさを求める期待に応え続けることは極めて難しいことです。さらに加えて、多くの企業は施設・技術のイノベーションや生産性向上も進めていません。そのゆとりすらないのです。いわんや、環境対策は遅々として進まない。

　中国政府が、こうした国際市場原理や環境対策を無視してまで賃上げを進めるのは、民衆の不満の爆発を恐れているからだという意見があります。中国各地で、貧富の格差拡大や地方政府の役人の腐敗・汚職に怒った民衆のデモや暴動が日常茶飯事になっています。2012年度だけで20万件に達したといいます。一日当たり550件近いのです。今にも、政府が瓦解するのではないかと心配になります。

　しかし、中国にはそれを取り締まる強力な公安警察組織があります。その年間費用は2012年度で9.1兆円です。この額は、急速な増額で世

界中の懸念を集めている国防費（8.7兆円）より多いのです。ちなみに、日本の公安警察予算は約140億円で、防衛省予算は約5兆円です。人口は日本の10倍強ですが、公安警察経費は日本の650倍です。日本と比べると、この金額がいかに異常か分かります。

　こうした莫大な公安警察を使って、国民の不満を押さえつけて上記のような無謀な開発・成長政策を推し進めてきたのです。しかし、ネットなど情報交換手段が飛躍的に拡大した社会で、力だけで抑え込み続けることができるのでしょうか。

　残念ながら、そうした不満をそらせるために歴史認識問題や尖閣問題などで日本を悪者に仕立て、政府とマスコミがこぞって国民の不満を日本に振り向けることに利用しているように、私には思えてなりません。そんなことはやめて、環境対策で日本との協力を飛躍的に進めていただきたいものです。

　上記のような中国の社会状況をみると、PM2.5問題が急速に改善さることあまり期待できません。こうした社会問題、環境問題を解決するには、あらゆる分野の情報（データ）の公開、言論結社の自由、政府施策の透明化、司法の独立などを認め、法に基づく法治国家体制でなければかないません。しかし、それらの民主化は現在の中国の支配体制の否定に等しいことといわなければなりません。

3. PM2.5 の日本への影響、私達が独自に心がけるべきこと

注意喚起のための暫定指針

中国の PM2.5 汚染は中国国内に留まらず、日本にも飛来し人々を不安にしています。特に、幼い子供を持つ親にとっては深刻な問題です。環境省は PM2.5 の注意喚起情報を提供し、対応に努めています。表1-1には環境省が示した「注意喚起のための暫定指針」を示しました。

一方、中国からの越境汚染を防ぐ有効な手段はなく、中国の対策を待つしかありません。しかし、中国の 2006 年から 2010 年までの5ケ年計画では大気汚染の改善はあまり見られていません。2011 年からの「国家環境保護第 12 次5ケ年計画」では SO_2 の 8% 削減と NO_2 の 10% 削減を掲げてきましたが、昨年の深刻な PM2.5 汚染に晒され、政府は緊急に 2015 年までに PM2.5 も年平均 5% 削減することを追加しました。

さらに、同年6月には日本円で 27 兆円を投じて 2017 年までに

表1-1. 注意喚起のための暫定指針（環境省）

レベル	暫定的な指針値 日平均値（$\mu g/m^3$）	行動のめやす	備考 1時間値 （$\mu g/m^3$）＊③
Ⅱ	70$\mu g/m^3$超	不要不急の外出や屋外での長時間の激しい運動をできるだけ減らす（高感受性者＊②においては、体調に応じてより慎重に行動することが望まれる）	85$\mu g/m^3$超
Ⅰ	70$\mu g/m^3$以下	特に行動を規制する必要はないが、高感受性者は、健康への影響がみられることがあるため、体調の変化に注意する	85$\mu g/m^3$以下
環境基準値	35$\mu g/m^3$以下＊①		

＊①：環境基準は環境基本法第 16 条第1項に基づく「人の健康を保持するうえで望ましい基準」；PM2.5 に係わる環境基準の短期基準は日平均値 35$\mu g/m^3$ であり、日平均値の年間 98% の値で評価（汚染の高い上位 2% の値を除いた値）
＊②：高感受性者とは呼吸器や循環器系疾患のある者、小児、高齢者等
＊③：暫定的な指針となる値である日平均値を一日のなるべく早い時間帯に判断するための値であり、午前 5,6,7 時の1時間値の平均値で評価。現在はその後の値も考慮。

PM2.5を25％削減する目標を掲げました。しかし、今の汚染レベルから4年後に25％削減できたとしてもまだまだ深刻です。いわんや、中国の官僚のシロアリぶりは日本の比ではありません。なにせ、環境保護庁長官からして予算を身内の企業に大盤振る舞いするお国がらですから、日本への越境汚染が改善することはあまり期待できません。私たちは、独自に可能なかぎりの予防策を講じなければなりません。

ここで、海洋研究開発機構・金谷有剛氏の試算[1]による国内のPM2.5の年平均値のうち中国と韓国からの越境汚染および国内汚染がどのくらいの割合を占めているかを見てみましょう（表1-2）。

表から分かるように、中国からの越境汚染の割合は九州、中国、四国地方で約60％、大阪・兵庫など近畿地方で約50％、首都圏で約40％となっています。韓国からの飛来はかなり少なく、国内発生は関東地方が最も多くなっているのが特徴です。

表1-2. 2010年の年間を通じたPM2.5の越境汚染の寄与率の推定[1]

	九州	中国	四国	近畿	北陸	関東
中国由来	61%	59%	59%	51%	55%	39%
韓国由来	10%	11%	8%	6%	5%	0%
国内発生	21%	25%	23%	36%	33%	51%

昨年は、中国からの汚染が大変な話題になりましたが、こうしたPM2.5の飛来は、実際には10年以上も前から続いていたのです。昨年前半期のPM2.5濃度も過去3年間とほぼ同じレベルでした。こうした状況から、九州、中国、四国地方は国内の対策だけではとても間に合いません。前述のように、中国の急速な改善も望めません。私たちは、独自に可能なかぎりの予防策を講じなければなりません。

私達が独自に心がけるべきこと

上述のような状況から、PM2.5汚染に過敏になりすぎても良くない

表1-3. PM2.5汚染が高濃度になった場合の留意事項
① 窓を閉めましよう、洗濯物を外で干さないこと、
② 不急不要の外出をできるだけ控えましょう、
③ 屋外での激しい運動は控えましょう、
④ 出来る限りマスクを付けましょう、
⑤ アレルギー素因のある人は、可能ならば空気清浄器を付けましょう、
⑥ こまめに掃除をしましょう、
⑦ 高感受性者はPM2.5汚染情報に気を付けましょう、

と思いますが、汚染が高くなった時はできる限りの対策をとる必要があります。その項目を表1-3に示します。

①は当然のことでしょう。ただ、知っておいていただきたいことは、室内にいても安心はできないということです。大気汚染公害裁判の中で、被告の立場にあった国側は「喘息患者は圧倒的に室内にいる時間が長いのに、外気が影響するとは考えられない」といって、大気汚染と喘息発症の因果関係を否定していました。しかし、PM2.5は非常に小さい粒子なので室内にも入り込むのです。例えば、国立環境研究所の田村憲治博士と大阪市環境研究所の方々の報告では、鉄筋コンクリート・アルミサッシの家屋でも外気の約50〜70%が屋内に入っており、古い木造住宅では90%も入っているとしています。住宅は換気を考えて完全密閉にはなっていません。一方、$2.5\mu m$以上の大きな粒子は5〜15%しか家屋内には入らないのです。

また、洗濯物は外で干すとPM2.5が付着しますので、外では干さないことです。②と③は説明の必要もないでしょう。

④のマスクについてですが、普通のガーゼのマスクではPM2.5を充分に除くことはできません。そのため、特殊なN95マスクかDS2マスクでなければ意味がないともいわれます。N95マスクとは米国の規格で、$0.3\mu m$以上の大きさの粒子を95%以上除去する性能のマスクのことで、DS2は日本の労働安全衛生法の規格で同じ性能です。

しかし、これらのマスクは完全密着が難しいようです。特に、小さい子供に付けるのは難しいかもしれません。私は、普通のマスクにガーゼ

を 8〜12 層くらいに重ねて挟んで使うほうがよいと思います。95% 除去できなくても重ねマスクで相当除けますので心配は少ないと思います。呼吸器を守るために何より大切なことは、気道の湿度と温度を保つことです。この目的には、N95 マスクより重ねマスクが優れていると思います。

次に、⑤の空気清浄機です。空気清浄機は大別すると、a) プラズマクラスターやナノイーのように活性酸素を発生させて粒子を破壊するタイプのもの、b) フイルターで粒子を除去するタイプのもの、c) さらには静電気で粒子を除去するタイプなどがあります。

プラズマクラスターやナノイーは目詰まりの心配は少ないので良いのですが、細菌やウイルスと違って PM2.5 は活性酸素では壊れないので PM2.5 には向きません。ただ、静電気除去器や加湿器を備えたものもある上に、毎年問題になる花粉やインフルエンザウイルスなどの予防には大変有効です。

一方、ヘパ（HEPA）フイルターを使って粒子を除去するタイプは 0.3μm 以上の粒子を 99.9% 以上除去する効果があります。ただ、目詰まりしやすい欠点があります。また、ウイルスは 0.1μm の大きさですのでインフルエンザウイルス対策には適しません。

いずれにしても、冬の間は乾燥しますので加湿器付きの物を選ぶのが良いでしょう。購入店で自分の要望を伝えて、よく説明を聞いて買い求めていただきたいと思います。

⑥の掃除ですが、①で述べたように、PM2.5 の多くは室内に侵入し、かつ長期間かかって蓄積します。窓枠部分や家具の上や隙間、換気口などにたまりやすいのです。そして、風の強い日には室内で舞い上がる可能性も高いのです。PM2.5 や DEP は洗剤によく溶けるので、アレルギーに過敏な人はこまめに洗い落としましょう。

⑦の汚染情報については、環境省の「そらまめ君」あるいは http://soramame.taiki.go.jp/ でインターネットで検索できます。これは、環境

省大気汚染物質広域監視システムで、全国の大気汚染状況をリアルタイムで24時間提供しています。その他に、各県単位の自治体でもより詳しい情報提供をしていますので、検索しておきたいものです。

　しかし、忘れてならないことは、依然として国内の自動車交通量の多い地域ではPM2.5汚染が環境基準値をクリアしていないということです。大都市部にはそうした所がまだ多数あるのです。

　例えば、2013年11月4日（月）には、中国からの飛来の可能性が少ないにも関わらず、千葉県市原市の3ケ所で1時間値が88〜127μg/㎥まであがり、日平均では45〜57μg/㎥のPM2.5濃度が観測されました。こんなに上昇した理由は不明ですが、市原市は京葉工業地帯の中核にあり車の交通も多いので、特殊な気象条件が合わさるとこうした高濃度汚になることがありうるのです。しかし、夜陰に乗じた不法な野焼きであった可能性もあります。いずれにしてもこれまでは、冬季の冷たい寒気団が上空の低い所に降り大気に蓋をする形で汚染がひどくなると考えられていましたが、暖かい空気団が低い所に留まり汚染をひどくすることもあるといわれています。

　私たちは、これまでの大気汚染により喘息に苦しんでいる人達が沢山いることを忘れてはなりません。そして環境省には、喘息との因果関係を認め被害患者の救済対策をとることを望みます。東京都や川崎市では独自で医療費救済をしています。患者さんがどれほど救われているか計り知れません。国としての責任を果たして頂きたいと思います。

第2章 PM2.5とはどんな物質か

1. PM2.5は大きさで分けた様々な物質の複合体

　現在、最も注目を集めている大気汚染物質はPM2.5であることは間違いないでしょう。PM2.5とは、先にも述べたように、直径が2.5μm以下の粒子状物質（PM, Particulate Matters）のことで、ディーゼル自動車の排ガス、石炭・石油を燃料とする工場、発電所、家庭暖房などからの排煙中の粒子です。また、排ガス中のSO_2やNO_2が光化学反応でできる二次成生粒子もあり、さらに中国の砂漠地帯からの黄砂や火山灰由来の粒子なども含まれます。

　PM2.5の2.5μmとはどのくらいの大きさでしょう。図2-1に他の物

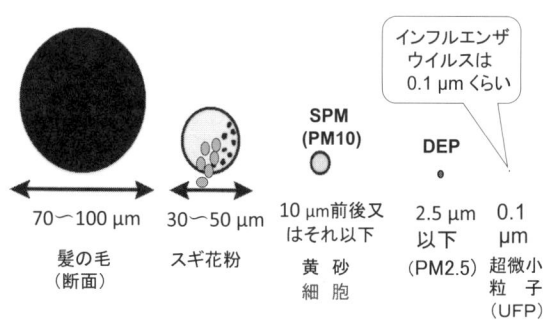

図2-1. 様々な粒子状物質（PM）の大きさの比較

スギ花粉は鼻腔でトラップされ肺内や気管支には入らないが、PM2.5は肺の奥まで入る。PM2.5はさらに小さな粒子にばらけてインフルエンザウイルスと同じ大きさの超微小粒子にもなり血管を通り、脳や生殖器など全身に入る。

質と比較して示しました。人の髪の毛は約 70〜100μm で、1mm の千分の 70〜100 の長さです。目でかろうじて見ることができます。花粉はその約半分の 30〜50μm くらい。花粉は大きいので鼻腔で引っかかり気管支や肺の奥には入りません。ですから花粉症は目や鼻のアレルギーとして現れます。

次の SPM は 10μm 以下の大きさの大気汚染物質で、浮遊粒子状物質（Suspended Particulate Matters）の略語です。正確に言うと、SPM は PM10 より少し小さめの粒子です。SPM は 10μm 以上の粒子を 100% 除いたもので、PM10 は約 70% しか除けていない粒子だからです。しかし、一般的には SPM と PM10 はほぼ同じに使われています。

SPM の中には粗大粒子と微小粒子と超微小粒子の 3 種類があります。粗大粒子はピークの中心が約 5μm 付近にあり、大きさが 10μm から 2.5μm なので PM10-2.5 とも表わされます。

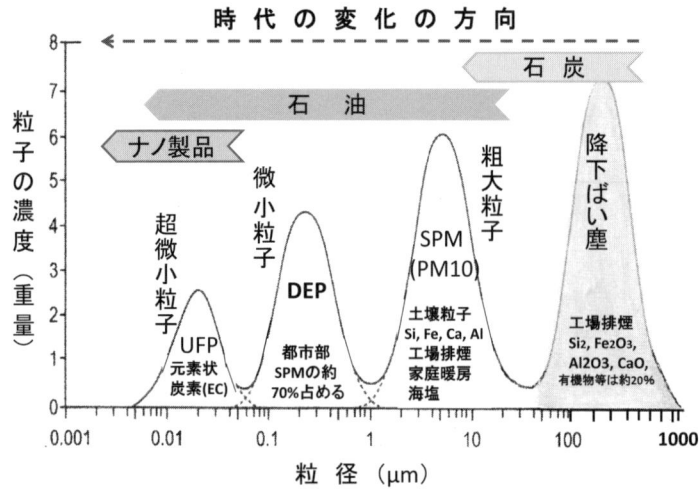

図 2-2. 大気汚染粒子状物質の種類とその歴史的変遷

降下煤塵は 1960-70 年代の工場の排煙から排出されていた。SPM（PM10）には粗大粒子（PM10-2.5）と微小粒子（PM2.5）および超微小粒子（UFP、ナノ粒子）の 3 種類があり、健康影響は PM2.5 と UFP が強い。ディーゼルエンジンの改良やナノ技術で超微小粒子ができ、その健康影響が特に懸念されている。

微小粒子はPM2.5のことで、そのピークの中心は約0.5μmにあり、大きさは2.5μm以下で、次に述べる超微小粒子も含めます。さらに、超微小粒子（UFP、Ultra Fine Particles）はナノ粒子とも呼ばれ、0.1μm以下の粒子です。（図2-2参照）。
　3つのピークを合わせたSPMが粒子状物質の環境基準値として世界中で広く使われており、日本も粒子状物質の環境基準は最近までSPMだけでした。PM2.5の環境基準値が決められたのは2009年で、極めて最近のことです。
　粗大粒子は、健康影響があまりない土壌由来の粒子や海塩粒子などが主です。そのため、SPMは粗大粒子と健康影響が強いPM2.5（DEPを含む）や超微小粒子を一緒に測っているため健康指標としての意義があまり高くないと思われます。事実、都会と田舎では喘息患者の発症率が著しく違うのにSPM濃度にはあまり違いが認められていません。都会のSPMは毒性の強いPM2.5（DEP）が多いのに対し、田舎のSPMは毒性の少ない土壌由来の粗大粒子が多いためです。
　黄砂は1～10μmくらいなのでSPMともPM2.5ともいえます。なお、原発事故で飛び散った放射性物質のセシウムもPM2.5と同じ大きさの粒子です。
　また、超微小粒子は粒径が、0.1μm以下でインフルエンザ等のウイルスと同じ大きさでナノ粒子とも呼ばれます。最近ナノテクノロジー（ナノ技術）という言葉をよく耳にします。この技術を使って、ナノ粒子は工業製品、化粧品、食品、医薬品などに広く使われるようになってきました。
　しかし、その健康影響が少しずつ明らかになるにつれその悪影響が危惧されています。ナノ粒子は皮膚や血管を通って容易に私たちの脳や生殖器などあらゆる組織に侵入することが分かってきたからです。人への健康被害はまだ報告されていませんが、国もナノ製品の製造現場の労働者への健康影響や製品使用者の障害の取り込み量を研究するなど、その

表 2-1. ナノ材料の主な用途と動物実験での有害性[2]

主な用途	ナノ材料	動物実験での有害性
タイヤ耐久性向上	カーボンブラック	吸入で肺腫瘍
PCディスプレー	カーボンナノ粒子	吸入で免疫機能低下 中皮腫（アスベスト様）
日焼け防止化粧品	二酸化チタン	肺に腫瘍発生
ファンデーション	シリカ	吸入で肺に炎症
抗菌スプレー	銀	神経の変性や脳浮腫

規制と対策に動き出しています。

表 2-1 にナノ粒子の主な用途と動物実験での有害性を示しました。表中の実験には気管内注入や注射で投与した実験も含まれ、人が体内に取り込む経路と違うものもありますが、極めて広範囲に使われているため、今日ではナノ粒子に触れない生活は難しいと思われます。今後、ナノ粒子の健康影響[2]が深刻化する危険性を強調しておきたいと思います。さらなる研究の進行と一定の規制基準が求められています。

大気汚染粒子の大きさとその歴史的変遷

大気汚染物質としての粒子状物質（PM）にはいくつかの種類があります。これまで述べた粗大粒子、微小粒子および超微小粒子に加えて、降下煤塵とよばれた超粗大粒子もありました。これら粒子は、大きい順に現れて、解決されてきました（**図 2-2**）。

降下煤塵は、戦争直後の1950年代から1960年代中頃に、石炭を使う工場の煙突から多量に排出されていた巨大粒子で、その大きさは 10-1000 μm にもおよびます。これは大気中を浮遊するというより降り落ちるようでしたので降下煤塵と呼ばれました。

この煤塵汚染は京葉・京浜工業地帯、中京工業地帯、阪神工業地帯、北九州工業地帯などの大都市部で顕著で人の健康や生態系にも多大な被害をもたらしました。しかし、1960年代中頃には電気集塵機の開発・設置及びばい煙防止法による規制などにより徐々に消滅しました。

その後、大気汚染物質として問題になったのが SPM で、環境基準値も 1973 年に決められました。大都市部での発生源は工場、発電所、ごみ焼却場、家庭暖房などの固定発生源で、これらも長年の除去技術の開発や法規制により解決に向かいました。

　一方、1980 年代以降になると、自動車のような移動発生源からの PM2.5 の寄与が増えてきました。特に、トラックやバスのような大型ディーゼル車がモクモクと吐き出す真黒いスス（DEP）が問題になり、これらの変化はエネルギー源が石炭から石油に変わった時代に対応します。しかし、それら粒子もフイルターで除去し、エンジンを改良するなどと改善されてきましたが、その結果さらに小さな粒子の超微小粒子が出るようになっています。

　先に述べたように、PM2.5 よりさらに小さな超微小粒子（UFP、ナノ粒子）の健康影響には大きな懸念が持たれています。DEP は UFP が寄り集まったものと考えても良いですが、それとは別の超微小粒子もあります。また一般的に、粒子は小さいほど健康影響が大きいと考えられています。それは、小さいほど体内に取り込まれ易いのと同時に、化学成分としても有害成分が多いことが報告されています。このことは、本章 3 項で詳しく説明しています。

　ここでは、米国カリフォルニア大学ロスアンゼルス校医学部の研究者

表2-2. ロスアンゼルス近郊2か所で集めた3種の粒子状物質の濃度と含有成分[3]

化学組成	クラメント地区			南カリフォルニア大学内		
	粗大粒子	微小粒子	超微小粒子	粗大粒子	微小粒子	超微小粒子
濃度（$\mu g/m^3$）	12.3	17.3	1.92	1.12	0.9	3.9
有機炭素成分（%）	16	40	69	20	52	71
元素状炭素（%）	1	3	13	1	3	11
硫酸塩（%）	5	13	4	7	8	6
硝酸塩（%）	27	31	5	35	23	3
金属類／総量（%）	51	13	9	37	14	9

　出典：Li N ら、Environment Health Perspect, 111, 455-460, 2003.

がロスアンゼルス近郊の大気中粒子状物質を分析した結果[3]を表2-1に示しました。粗大粒子（PM10-2.5）、微小粒子（PM2.5）および超微小粒子（UFP）の中で、濃度は微小粒子（PM2.5）が多いのですが、有害な有機炭素成分濃度は粒子が小さくなるほど多いことが分かります。硫酸塩や硝酸塩濃度も微小粒子で多い傾向ですが、金属類は明らかに粗大粒子で多くなっています。

　有害有機炭素成分の中の発がん性多環芳香族炭化水素（PAHs）濃度は有機炭素成分と比例していたとのことです。このことは、小さい粒子ほど毒性が強いことを示唆します。

　これらを見ると、科学技術が進歩し環境問題は改善に改善が重ねられても、次から次へと新しい汚染物質が問題になってきたという歴史をたどっていることが分ります。このことは、エネルギー源を化石燃料に頼らず、早急に自然エネルギーや水素を主要エネルギー源とする方向に進むべきことを示唆しているように思われます。最終処分の方法も場所もない原子力は将来のエネルギー源にはなりえないと考えます。

PM2.5は発生源によって成分が違う

　これまで述べてきたように、今日、日本の大都市部で問題になるPM2.5は主にディーゼル車由来の微小粒子（DEP）であり、工場排煙や発電所、ごみ焼却場あるいは自然由来の粒子などの寄与は限られています。事実、環境基準値をクリアできていない地域はほとんどが自動車交通量の多い地域です。

　DEPは主に元素状炭素（EC）に多環芳香族炭化水素（PAHs）のような有機炭素成分と硫酸塩、硝酸塩、ごく微量の鉄、銅などの重金属が付着したものです。元素状炭素とは、炭素原子だけで出来ているススのことで、家庭では冷蔵庫の脱臭剤などとして使われています。

　また、有機炭素成分とはベンツ（a）ピレン（BaP）に代表されるPAHsと呼ばれる物質群で、その多くは発がん性が高いものです。さら

に、この中にはダイオキシンやPCB、奇形を起こす作用を持つフタール酸エステルなども含まれていることが分かっています。

なお、DEPやPM2.5のような粒子中に存在するPAHsは亀の甲ら（芳香環）が4個以上合わさったものが主で、芳香環が2〜3個合わさったものは主にガス相に存在します。ですから、ディーゼル排気のガス成分もかなり毒性が強いといえます。

硫酸塩や硝酸塩は排ガス成分の二酸化硫黄（SO_2）や二酸化窒素（NO_2）が太陽の光で化学反応を受けて二次的にできたものです。また、微量の重金属は、エンジンの摩擦でできるものや燃料中にわずかに含まれていたものです。そのため、DEP中の重金属類は、石炭燃焼で出る粒子より極めて少なく、ppmレベルです。一方、石炭燃焼などに由来する粒子中の金属含量は％オーダーです。

一方、後でも紹介しますが、私たちの体内には有毒な有機炭素成分を解毒・代謝し排除する機構があります。しかし、その代謝過程でも多量のスーパーオキシド（O_2^-）と呼ばれる活性酸素が発生します。この活性酸素は容易に過酸化水素（H_2O_2）に変わりますが、体内の消去酵素で無害な酸水素に代謝されます。ただ、O_2^-やH_2O_2の発生量が多く、しかも鉄や銅などの重金属が微量に存在する条件の下ではオーエッチラジカルあるいはヒドロキシラジカル（・OH）と呼ばれる最強の破壊力、酸化力を持つ活性酸素に変わります。

この・OHを代謝する酵素は体内にはありません。ただ、ビタミンCやビタミンEあるいはカロテン類やポリフノールなどの抗酸化物質はこの・OHを消す働きをします。この・OHは放射線を浴びた時にも多量に発生し遺伝子を傷つけてがんを起こします。ですから、微量でも重金属の存在は健康影響の面では非常に重大なのです。

一方、今問題の中国のPM2.5はディーゼル車を主とする自動車排ガスからのものに加えて、石炭をエネルギー源とする様々な工場や発電所などからの排煙、SO_2やNO_2からの二次生成粒子および黄砂等からなっ

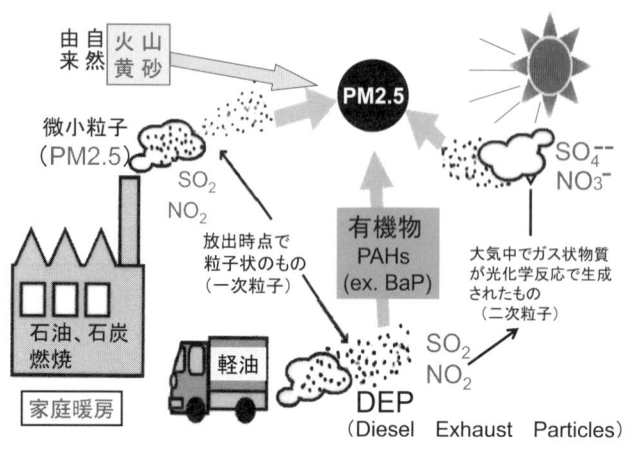

図2-3．PM2.5の発生源の模式図

　PM2.5はディーゼル車の排ガス、工場・発電所などの排煙、家庭暖房排煙などから排出される。有機炭素成分（EC、PAHs）が主で、その他ダイオキシン、PCB、フタール酸エステルなども含まれている。また、PM2.5には排ガス・排煙中の二酸化硫黄（SO_2）や二酸化窒素（NO_2）が太陽光での二次的化学反応によって生じた硫酸塩や硝酸塩も含まれ、さらに燃料やエンジン由来の微量金属も含まれる。

ています。その成分は、図2-3に示すように、ディーゼル車を中心とする自動車排ガス由来のDEP、石炭燃焼による排ガス・排煙由来の二酸化硫黄（SO_2）や二酸化窒素（NO_2）からできた硫酸塩や硝酸塩がかなり多く、さらに有害有機炭素成分に加えて石炭由来の鉄や銅などの重金属類がかなり多いといえます。

　また、石炭の燃焼では特に水銀や鉛、フッ素などの排出も重大な問題です。さらに、黄砂は土壌由来成分だけでなく、喘息や気管支炎を増幅する細菌やカビ類も多量に付着しています。

2. PM2.5の体内侵入経路および粒子サイズと健康影響の関係

　PM2.5は非常に小さな粒子であるため、肺の奥深くまで侵入し、さらに血管やリンパ管を通って全身に入り込みます。そのため、人の全身に影響を及ぼすことが分かっています。一方、動物実験では、人で知られている影響の他に精子の異常や奇形児の誕生をはじめとする生殖器系への影響も知られています。その影響は次世代にまで及ぶことも分かっています。ここでは、このような全身影響、次世代影響が起こる理由を理解するため、PM2.5等がどのような経路で私たちの体内に侵入するのかを見てみます。

　図2-4に示すように、PM2.5等は呼吸器から取り込まれると、気道で気道上皮細胞を介して、また血管では血管内皮細胞を介し、さらに脳

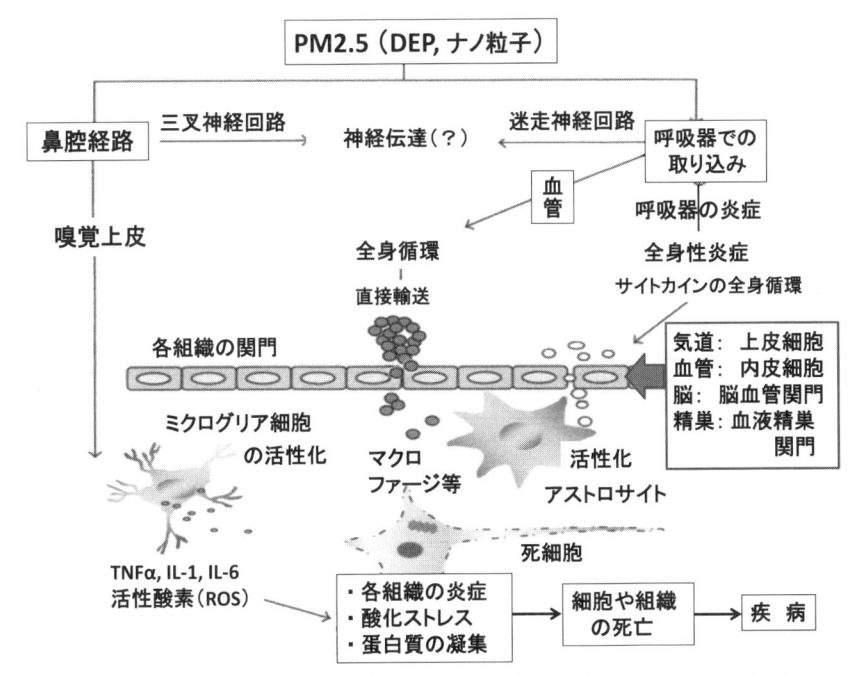

図2-4. PM2.5などが呼吸器と鼻腔にある嗅覚上皮層を介して血管に入り各組織に取り込まれる経路（Genc Sら[48]の図を一部改変）

では脳血管関門を介し、精巣には血液精巣関門を介して取り込まれます。

一方、PM2.5等は鼻腔から鼻腔上部にある嗅覚上皮層を介しても体内に取り込まれ、同様に全身を巡るのです。

その後、脳の場合は、脳内のミクログリア細胞やアストロサイト細胞等に取り込まれ、様々な炎症性サイトカインや活性酸素などを産生して脳・神経細胞を障害します。

また、生殖器系では精巣がPM2.5の影響を受けやすいのですが、精巣の血液精巣関門を通ってPM2.5が取り込まれるためです。なお、卵巣にはこうした取り込み経路は無いので、卵子は精子より影響が少ないと考えられます。

PM2.5およびナノ粒子の粒径と健康影響の関係

PM2.5（微小粒子）やナノ粒子は粗大粒子（PM10-2.5）より健康への影響が強くなることは、第2章の表2-2などで紹介しました。

粒子の質量（重さ）が同じとすると、微小粒子は粗大粒子に比べて表面積や粒子の数は桁違いに多くなります。たとえば、粒子を球と仮定した場合、その表面積は微小粒子の直径が粗大粒子の1/10になると表面積は100倍ですが、個数は1000倍になります。成分が同じ粒子の場合、細胞障害性や炎症作用などは、一般にその粒子の粒径、すなわち表面積の大きさや数に依存します。

例えば、触媒化学の分野では、反応物質どうしの表面積が大きいほど反応性が高くなることが知られています。すなわち、粒子状物質の表面積が広ければ広いほど粒子間あるいは粒子と細胞間の反応が活発で、炎症物質であるサイトカイン類や活性酸素（ROS）の産生、あるいはそれによる細胞障害や炎症反応が活発になると推測されます。それ故、超微小粒子や微小粒子の健康影響は粗大粒子よりも強いと考えられるのです。微小粒子やナノ粒子の健康影響は強調してし過ぎることありません。

第3章 PM2.5 あるいは DEP の人への健康影響

ここでは、2009年に PM2.5 の環境基準値設定の根拠とした環境省の「微小粒子状物質健康影響評価検討会（専門部会）」報告書の人への影響の部分を要約し、さらにそこでは取り上げられていない論文および脳・神経系への影響も加えて紹介します。

1. 人の死亡率に及ぼす影響

短期間の暴露による死亡率の増加

米国6都市での研究[4]によると、PM2.5 の平均濃度が $25\mu g/m^3$ 増えると、あらゆる原因による翌日の死亡率（全死亡率）が 3.0% 増えたといいます。一方、カナダの8都市研究[5]でも 2.2% 増加したといいます。

日本の環境省が行った 2007 年の 20 地域での研究[6]では、PM2.5 濃度が $25\mu g/m^3$ 増えた時の全死亡率は 0.5% の増で、有意な増加ではなかったといいます。一方、日本の 13 の政令指定都市における SPM と1日死亡率との関係についての解析[7]では、SPM 濃度が $25\mu g/m^3$ 増えるごとに 65 歳以上の人の全死亡率は 2.0% 増え、有意な増加であったといいます。

これらの複数都市での研究結果は単一都市で行った研究より質の高い結果が得られる研究ですので、上記の死亡率増加の結果は重大です。

さらに、環境省の「微小粒子状物質健康影響評価検討会」報告書では、PM2.5 の短期間の暴露（吸入）による上記の死亡率増加を示す結果について、「米国やカナダ、ヨーロッパだけでなく、日本をはじめ世

界各地で行われた複数都市での研究結果は、その他の単一都市での研究とも共通しており、一貫性を示していた」と評価しています。また、解析モデルの違いについても、全体的な傾向は一致しており、疫学知見の頑健性を示す結果であったと評価し、PM2.5は短期暴露でも人の寿命を短縮していることを認めています。

長期間の暴露による死亡率の増加

一方、上記のような短期間暴露ではなく、数年以上の長期間の暴露が人の死亡率に与える影響の報告も多くあります。ここでは、主に大規模な調査を中心に結果を概説します。

人への影響を14〜16年間追跡した米国の6都市調査[8]は微小粒子（PM2.5）の健康影響を世界に知らしめた最も有名な研究です。図3-1に示すように、住民の年齢などを補正した死亡率は、汚染レベルが最も

図3-1. 米国六都市での各種大気汚染レベルと訂正死亡率との間の相関[8]

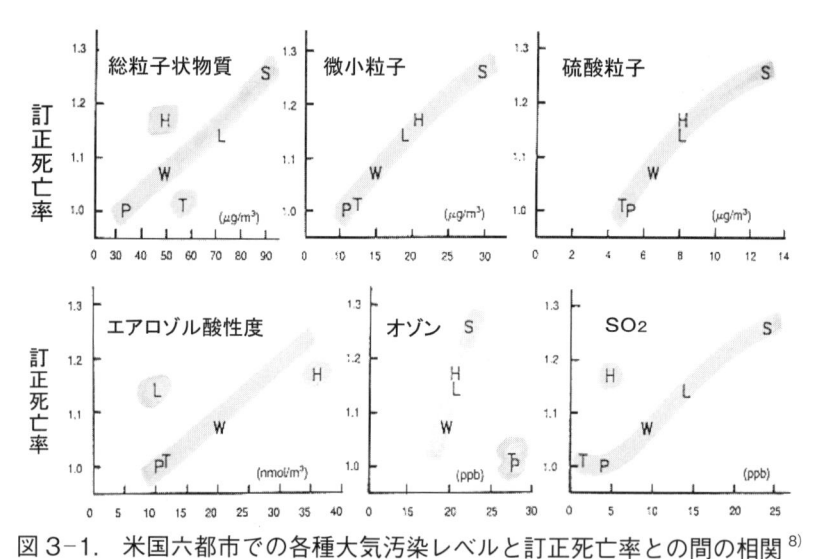

図中の大文字は都市名の頭文字。訂正死亡率と総粒子状物質、微小粒子（PM2.5）、硫酸粒子、エアロゾル酸性度、オゾンおよびSO_2との間の相関が調べられ、微小粒子との相関が最高であった。

高い都市では最も低い都市の1.26倍であったといいます。図では都市名を頭文字で表わしています。都市別の死亡率（縦軸）と大気汚染濃度（横軸）との関連を見ると、微小粒子（PM2.5）および硫酸粒子との関連が最も強く表れています。硫酸粒子は微粒子に結合した状態で存在しているため、たまたま相関が高く出ただけで、その健康影響はそれほど大きくないと思います。なぜなら、硫酸粒子や硝酸粒子の健康影響の報告は非常に乏しく、または硫酸イオンや硝酸イオンは私たちの体内でも作られ、解毒や体液の浸透圧保持などに使われている物質だからです。

一方、PM10に相当する総粒子状物質、エアロゾル酸性度、オゾン、およびSO_2は死亡率との関連が強くなかったとしています。図からも、死亡率は微小粒子（PM2.5）と最も相関が高いことが分かります。

なお、この調査地域の汚染物質は石炭を主な燃料とする工場からの排気粒子が多く、そのため重金属の比率が極めて高く、日本の都市部のディーゼル車由来微粒子（DEP）の成分とは幾分違います。これは、著者のドッケリー博士から直接聞いたことで、ちょうど日本の1960-70年代の工業地帯の汚染にやや似ているといえます。その当時、日本では、PM2.5の測定法がなかったため、SPMの環境基準値を定め測定していました。これを決めたのは1973年のことです。

また、この米国6都市調査を8年間延長して解析した結果[9]では、観察期間前半4年間の解析では、PM2.5が$25\mu g/m^3$増えるのに伴い全死亡率は1.45倍に増えたといいます。また、全期間の平均PM2.5濃度で比べた場合、肺がん死亡率は1.82倍、循環器系疾患死亡率は1.85倍に増えていたと報告しています。

米国50州で30万人の成人ボランティアを対象にしたコホート研究[10]もあります。これによると、PM2.5濃度が$25\mu g/m^3$上昇するにつれて全死亡率は10%、心肺疾患死亡率は16%、肺がん死亡率は21%増加していたといいます。なお、この50都市のPM2.5の平均濃度は$18.2\mu g/m^3$で、今日の日本の多くの都市部の自動車排出局の値とほぼ同じです。

ということは、日本の大都市部でも全死亡率、肺がん、心肺疾患死亡率および肺がん死亡率は各々10％、18％および21％程度はありうることを示唆しています。このことは、次の図3-2（46頁）に示した千葉、川崎、東京での肺がん死亡率の20％以上がDEPによると推定した岩井・内山らのデータともよく符合します。

> 注）**コホート研究**：人を対象とした疫学調査方法の1つで、疫学研究法の中では最も質の高い調査方法。調査のために設定したある特定の集団（コホート）を、ある時点から将来に向かって追跡調査する前向き調査で、費用や期間はかかるが、バイアス（人為的片寄り）や主観が入らない優れた研究方法。

また、米国カリフォルニア州のアドベンティスト・ヘルス・スタディー[11]では死亡率がPM2.5で1.24倍に増え、粗大粒子では0.99倍、がん以外の呼吸器系疾患死亡はPM2.5で1.55倍、粗大粒子で1.06倍とのことです。これらの結果もPM2.5が死亡率の増加に大きく寄与していることを示しています。

その他にも多くの報告がありますが、全死亡についてみると、多くの研究でPM2.5が$25\mu g/m^3$上昇した場合の相対リスクは約1.1～1.5倍に増加している、と評価されています。

さらに、2013年の欧州（EU）からの報告[12]はもっと深刻です。EUの13ケ国、22報のコホート研究論文をメタアナリシス（多データ解析）したところ、PM2.5の濃度が$5\mu g/m^3$増えるごとに早死のリスクが7％増えていたといいます。なお、EUのPM2.5の環境基準値は日本より高い$25\mu g/m^3$ですが、その基準値を大幅に下回る地域でも早死した人数は通常より多いとのことです。この報告は、喫煙や運動量、体格指数（BMI）、社会経済的要因などを補正し、最終的に367,251人を平均13.9年間追跡したもので評価の高い研究です。

このように、いずれの報告でもPM2.5濃度の上昇と死亡リスクとの間には一貫性のある関連が認められています。

2. 呼吸器系への影響

短期間の暴露による影響

前記の日本の 20 地域研究[6]によると、呼吸器疾患を原因とする過剰死亡率は、PM2.5 汚染が続いた 3 日目まで $25\mu g/m^3$ 増えるごとに 2.5% 増加し、統計的に有意な増加であったといいます。

さらに、日本の前記 13 政令指定都市における呼吸器疾患による過剰死亡率の解析結果[7]では、SPM 濃度が $25\mu g/m^3$ 増加するごとに 2.7% 増加し、有意な増加であったといいます。

我国では、粒子状物質暴露と呼吸器疾患との関連性は全ての年齢層で認められており、特に高齢者と子供で顕著です。環境省による微小粒子状物質暴露影響調査（2007）[6]においては、PM2.5 濃度と喘息による夜間急病受診との関連が検討され、10 月から 3 月の寒冷期に受診率との関連が強くなっています。

力いっぱい強く息を吐き出した時に息が流れる「瞬間最大風速」をピークフローといいます。この値は、気道が狭くなると空気が通りにくくなるため、喘息の状態をよく反映します。上記の環境省「微小粒子状物質暴露影響調査（2007）」[6]によると、長期入院治療中の気管支喘息患児についてピークフローを調べたところ、大気中 PM2.5 濃度が上昇するとピークフロー値は低下することから、PM2.5 には気管支喘息を悪化させる作用があることを認めています。また、2 つの小学校の 4、5 年生を対象にした調査でも、当日昼の大気中 PM2.5 濃度が上昇すると当日夜のピークフロー値および 1 秒率が有意に低下することを認めています。

注）1 秒率とは、1 秒間に全肺活量のどれだけを吐き出すことができるかを % で示した値。数値が低いほど症状が重く、喘息のよい指標。

長期間の暴露による影響

呼吸器系に及ぼす長期暴露に関する日本の研究としては「三府県コホート研究」[13] があります。宮城県、愛知県および大阪府のそれぞれ都市地区と対照地区を選定し、40歳以上の男女10万人を対象に、1983～1985年に調査を開始したものです。

この調査によると、肺がんの死亡ハザード比（危険有害性比率）は男女ともにSPM濃度の上昇につれて増加し、$25\mu g/m^3$ 上昇時の相対リスクは男女平均で1.53倍、PM2.5の $25\mu g/m^3$ 上昇に対する相対リスクは1.83倍としています。PM2.5のほうが肺がんのリスクが高いことが分かります。

図3-2には、ディーゼル排気微粒子（DEP）による肺がん死亡率の予測に関する報告を紹介します。元結核研究所所長・岩井和郎先生と元京都大学工学部教授・内山巌先生の2000年の報告[14] です。

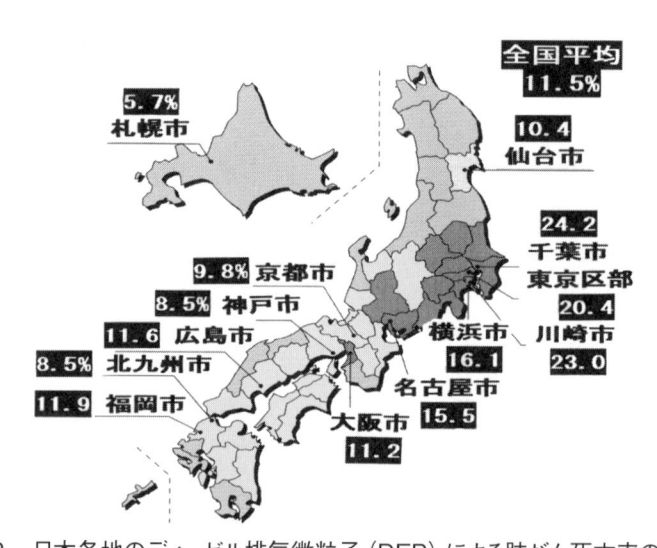

図3-2. 日本各地のディーゼル排気微粒子（DEP）による肺がん死亡率の推定 [14]

全国平均でみると、肺がんで死亡した人の11.5%はDEPで肺がんになり死亡したと推定。DEPによる肺がんで最も死亡率が高い地域は千葉、川崎、東京などで20%以上と推定されている。

第 3 章　PM2.5 あるいは DEP の人への健康影響

　彼らは、各都道府県別に、あるいは大都市ごとに住民がどのくらいの DEP に晒されているかを克明に調べ、さらにディーゼル機関車の排ガスに長期間晒された労働者の肺がん発症率に関する疫学データなどから DEP による肺がん死亡率を計算しています。その結果、全国平均として肺がんで亡くなった人の 11.5% は DEP によって肺がんになり死亡したと推定しています。2000 年頃の日本の肺がん死亡者は 5 万人超でしたので、そのうちの約 6 千人が DEP で肺がんになり死亡した計算になります。

　DEP による死亡率が最も高いのは千葉市、川崎市、東京区部などで軒並み 20% 以上となっています。このことは、43 頁最下段の死亡率に関する米国の 30 万人の長期曝露で 21% が PM2.5 の暴露で肺がんにより死亡したとするデータ[10] とよく一致しています。

　また、産業技術総合研究所の化学物質リスク管理研究センター（つくば市）の蒲生昌志博士[15] は、環境中に放出される様々な化学物質の発がんリスクを計算し DEP が最強であると報告しています。ダイオキシンより強いというのです。リスクは、人の命を何日間縮める影響があるかを示す「損失余命（Loss of Life Expectancy）」を計算しています。この計算は、ざっくり言えば、その物質の発がん性などの毒性強度とその物質に晒されている人口を掛け合わせた数値が基本になります。

　図には、非発がんリスクとして神経障害を起こす物質のリスクも示していますが、発がんリスクと非発がんリスクを吸入物質と食品などの経口摂取物質とに分けています。ダイオキシンが全国民の寿命を 2 日縮めるのに対し、DEP はその 10 倍の 20 日ほど縮めるというのです。DEP の発がん性がいかに強いかがわかります。この日数は全国民の命の短縮を示しますが、汚染は特定の地域に集中するので、その地域では大変な人命損失になります。2013 年 9 月に WHO（世界保健機関）が DEP を最強の発がん物質と認定したことの妥当性の裏付けになります。さらに著者は、タバコは DEP よりさらに 10 倍も損失余命が大きいと報告し

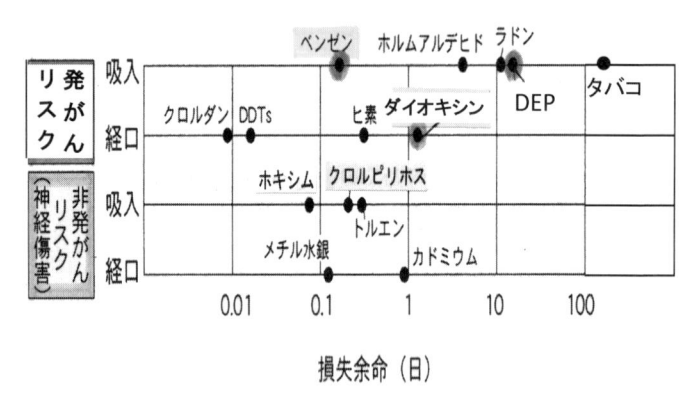

図3-3. 各種化学物質による損失余命の比較 [15]

　図の上段はがんにより日本全国民の命が何日短縮されているか（損失余命）を吸入摂取物質と経口摂取物質について比較。下図は非発がんリスクとしての神経傷害作用による損失余命を示している。1日の損失余命とは日本人全員の命が短縮することを意味し、実際には汚染が集中する地域にその損失が集中するので、汚染地域の損失余命は極めて大きくなる。

ています。タバコは喫煙者が多いことがそうした結果になるのでしょう。

気管支喘息に関する疫学調査

　気管支喘息はアレルギー疾患の代表です。その他のアレルギー疾患のアレルギー性鼻炎（花粉症）とアトピー性皮膚炎を含めた日本の有病率の年次推移を図3-4に示します。近年、アレルギー患者の増加は著しく、2人に1人は何らかのアレルギーを持っています。この主な原因は大気汚染物質をはじめとする環境の変化や食生活の変化が指摘されています。

　まず、気管支喘息と大気汚染の関連についてみると、1990年代初頭までの国内の疫学調査で、気管支喘息と相関が認められていた汚染物質は NO_2 だけで SPM との相関はほとんど調べられていませんでした。また、PM2.5 は測定もされていませんでした。

　そうした中で、SPM との相関を認めた国内の代表的な調査は1996年

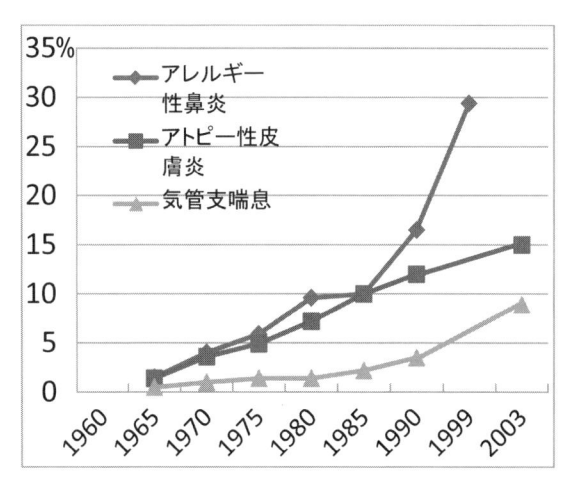

第 3 章　PM2.5 あるいは DEP の人への健康影響

図 3-4．日本における代表的アレルギー疾患の増加率の年次推移

　日本では、1960 年以前にはアレルギー疾患はほとんどなかった。しかし、近年はアレルギー性鼻炎（花粉症）は 3 人に 1 人、アトピー性皮膚炎は 6 ～ 7 人に 1 人、気管支喘息は 10 人に 1 人くらいの割合で増加している。
【出典：NPO 日本健康増進支援機構・榎本雅夫氏作成】

発表の千葉大調査と 1997 年および 2011 年発表の環境省の調査です。
　千葉大調査は、千葉県環境部の委託で千葉大学医学部公衆衛生学教室が行った「道路沿道学童調査」[16]で、SPM 濃度の上昇につれて児童の気管支喘息り患率が増加することを示したものです（**図 3-5 の左図**）。さらに、この報告では右図に示すように、男女ともアレルギー素因のない児童のり患リスクを 1 とした時、素因のある児童が気管支喘息を発症するリスクは 4 ～ 5 倍高くなるとしています。アレルギー素因とはアレルギーになり易い体質であることを意味します。
　また、この調査では、アレルギー素因以外の、母親の喫煙や住居が木造か鉄筋コンクリートかという家屋構造など 12 の要因の影響も調べていますが、り患率にほとんど影響がなかったとのことです。
　環境庁調査には、1997 年の「NOx 等健康影響継続観察調査報告」[17]と 2011 年の「そらプロジェクト」報告[18]があります。1997 年の調査は、PM2.5 そのものではなくその 7 割が PM2.5 と考えられる SPM 汚

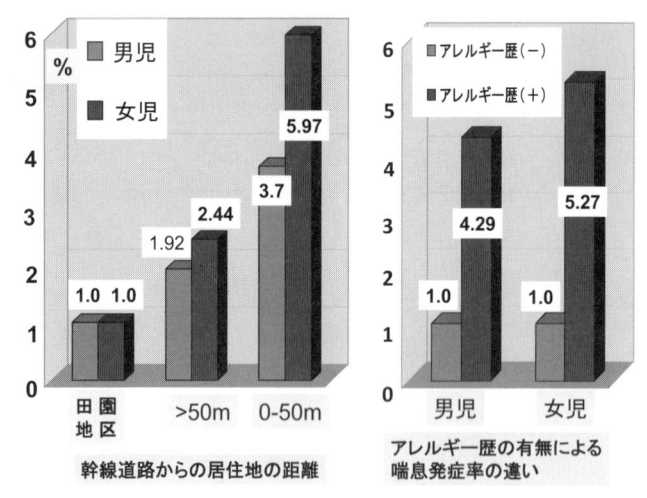

図 3-5. 学童の気管支喘息発症率と沿道汚染の関係およびアレルギー歴の有無の影響 [16)]

　千葉大学医学部の調査で、調査開始後に田園地区の学童が新たに気管支喘息になった割合を 1 とすると、沿道から 50m 以上離れた所に住む児童の発症率は男児 1.92 倍、女児で 2.44 倍になる。また、50m 以内に住む児童はそれぞれ 3.7 倍と 5.97 倍に増加。また、右図は、喘息発症率に影響する因子はアレルギー歴が最大で、男女それぞれ 4.29 倍と 5.27 倍であった。

染を指標としています。

　図 3-6 に示すように、SPM 汚染の高い地域の学童ほど喘息り患率（推定オッズ比）は高く、統計的に有意な相関があるとされています。図中の各点は各小学校（10 校）区の SPM の年平均汚染レベル（横軸）と児童の新規喘息発症率（縦軸）を示しています。なお、SPM の 1 日の環境基準値（$0.1mg/m^3$）の約半分が経験的に年平均値に近いとされていますが、この調査では、その値（$0.05mg/m^3$）でもり患率が田園地区の 2 倍になっています（図中縦の点線）。なお、このデータは第 1 章の「気管支喘息り患率の推定」の項で述べた根拠データです。

　これらのデータに対し環境庁（当時）は、いずれの調査も SPM 濃度は地域丸ごとの代表値で、個人暴露量ではないので評価できる調査ではないとして、SPM が気管支喘息の原因物質とはいえないと主張し、患

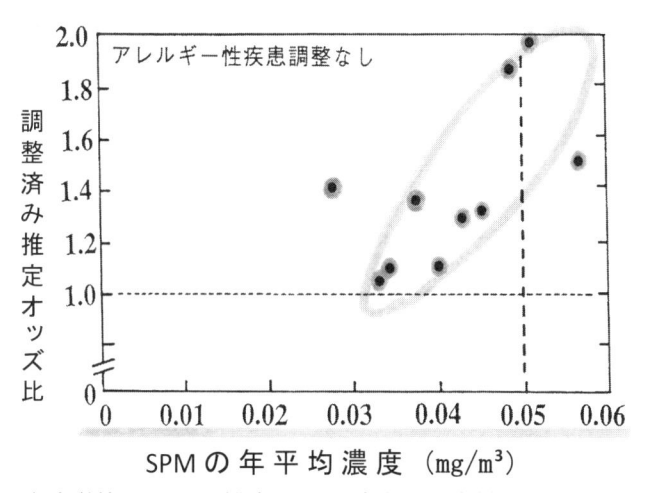

第3章　PM2.5 あるいは DEP の人への健康影響

図3-6. 各小学校区の SPM 濃度と児童の気管支喘息様症状有症率との相関[17]

　10校の学童の気管支喘息様症状有症率とその学校区の SPM 汚染濃度との間に有意な相関が認められている。なお、SPM の年平均値が $50\mu g/m^3$ レベルの汚染でも喘息様症状有症率は田園地区の2倍に増加している。

者の医療補助等も拒否していました。そのため被害者団体などから、そうした欠点のない個人暴露量を測定した調査をするよう求められていました。

環境省による「そらプロジェクト研究」も喘息との因果関係を肯定

　この批判に答えるため、環境省は2005年〜2009年（H17〜20）の4年間をかけて関東と中部、関西地域で調査をしました[18]。この調査は3つよりなり、その1つ目は小学1年生から3年生の児童12,500人を対象にした学童のコホート調査による「学童調査」、2つ目は40-74歳の成人約24万人を対象とした症例対照研究による「成人調査」、3つ目は幼児4万3000人の追跡調査による症例対照研究の「幼児調査」です。その中の学童に関する調査の結果を表3-1に示します。

表3-1. 学童の個人暴露量と気管支喘息発症率の関連（オッズ比）[18]

解析種別	解析内容	EC（0.1μg/㎥当たり）	NO_2（1ppb当たり）
主要な解析	①	2.08*（1.90-2.27）	1.10*（1.07-1.12）
副次的解析	②	1.07*（1.01-1.14）	1.01　（0.99-1.03）

注）①はPM2.5の暴露期間を新規発症前の2年間、または追跡終了前の2年間とした解析結果を示す。
②は調査期間を1年ごとに区切ったPM2.5暴露期間として解析した結果を示す。
＊印は統計的有意差があることを示す。

> **注）症例対照研究とは**：疾病を持つ群（症例）と持たない群（対照）のそれぞれについて疑われるリスク因子（ここでは元素状炭素、EC）の曝露量がどの程度違うかを比較し、疾病との関連を調査する研究方法。この調査は過去にさかのぼって調査する方法であるため、記憶（情報）が曖昧であったり、対照群の適切な選択が難しいなどの欠点があり、先に述べた、将来に向かって調査するコホート研究に比べると調査精度はかなり低い。一方、調査費用が安く調査期間が短くて済むなどの利点もある。

　この調査では、PM2.5の代わりに自動車由来粒子を表す元素状炭素（EC）濃度を児童ごとに推定しています。ECの個人暴露濃度を喘息新規発症前の2年間または調査終了前2年間として解析した場合（主要な解析）、PM2.5が25μg/㎥増えるごとに児童の喘息り患率（オッズ比）は2.08倍に増え、その増加率は有意であったとしています。

　また、PM2.5の暴露期間を1年ごとに区切った副次的解析では喘息のり患率（オッズ比）は1.07倍へと顕著に低下するが有意差が認められています。一方、NO_2汚染と喘息発症との関係も主要な解析では1.10倍とリスクは低いが有意であり、副次的解析では有意差は認められなかったといいます。

　この調査は、これまでの調査の欠点であったPM2.5の暴露量を学校ごとの集団値ではなく学童個々人の暴露量を推定している点で優れた調査といえます。しかし、環境省は「主要な解析」と「副次的解析」でオッズ比が大きく違っているため、「気管支喘息とPM2.5の関連性の強

さは十分な科学性をもって確定付けることまでは現時点では難しい」として、因果関係を否定し、被害者の救済も行おうとしていません。

しかし、PM2.5の暴露量を2年間の値とする主要な解析は暴露量を1年ごとに短く区切る副次的解析の場合より暴露実態がより正確に反映されます。ですから、主要な解析結果のオッズ比が副次的解析のオッズ比より高いことは極めて妥当で、科学的道理にかなっています。

2番目の「成人調査」では、気管支喘息に関する自記式質問票を送付して、1回きりの断面調査を行い、表3-2に示すように、非喫煙者ではECの最高濃度帯（3.3-4.2μg/㎥）でオッズ比が13.8倍となり有意な関連が認められています。これは、非喫煙者ではタバコという大きな攪乱因子が無いため大気汚染の影響の検出力が高くなるためです。

この非喫煙者の調査では他の濃度帯でもEC個人暴露量の増加につれてオッズ比も増加しており、因果関係を裏付ける有力な結果といえます。なお、全対象者の解析では有意差は認められていません。全対象者の調査では、最高濃度帯以下の3濃度群ではEC暴露量とオッズ比は完全に逆転しており、EC汚染レベルが低いほど喘息になりやすいというあり得ない結果となっており、調査の異常さを感じます。

また、この調査では個人暴露量は自宅での推定値を用いており、学童調査に比べて大気汚染の影響を検出しにくい方法となっていることも指摘しなければなりません。

また、3つ目の幼児調査では1.5歳児と3歳児の2回の幼児健診時に学童と同様の個人暴露量による解析と幹線道路からの距離帯別の解析が

表3-2. 成人の気管支喘息発症率と沿道大気汚染に関する解析 [18]

解析種別	解析内容	EC個人暴露濃度帯（μg/㎥）				
		3.3-4.2	2.8-3.2	2.5-2.7	2.2-2.4	1.4-2.1
主要な解析	全対象者	5.72	0.63	1.43	1.61	1.00
	非喫煙者	13.86*	3.26	2.57	2.34	1.00

＊印：統計的有意差があることを示す。

行われています。しかし、個人暴露量による解析でも幹線道路からの距離帯別解析でも有意な結果は得られていません。計算された結果はことごとく沿道に近い幼児の方が遠い幼児よりり患率が低くいという理解しがたい結果であり、調査の信頼性が疑われる結果となっています。

　以上の結果から、「学童調査」と非喫煙者の「成人調査」は科学的に妥当な結果であり、沿道の自動車排ガス汚染と学童や非喫煙者の気管支喘息発症との間には因果関係があると評価できます。

　環境省はまだ完璧ではないと主張していますが、私たち国民はここまで進んだ疫学データが動物実験データや臨床データとも矛盾しないなら、因果関係を認めるべきと考えます。これら疫学調査の結果が動物実験や人の臨床症例とも矛盾しないことは第5章で詳しく紹介します。

　因果関係が完璧に証明されるにはさらに何十年もかかります。その時、高齢の患者さんは亡くなってしまいます。被害者が亡くなってから因果関係が完璧に証明されたとしてその研究や調査に何の意味があるのでしょう。政府はどこまで国民の考えと乖離した主張にこだわるのでしょう。人の痛みを鑑みない「感性が極めて鈍い人達」と言わざるを得ません。私は、公害問題における完璧主義ほど無責任なものはないと思います。議論を泥沼に誘い込み、責任逃れをする以外の何物でもないからです。

花粉症に関する疫学調査

　花粉症は、クシャミ、鼻水、鼻づまりの鼻症状と目がかゆくゴロゴロする、痛くなるという眼の症状が主です。しかし、その他にも頭痛、倦怠感、不眠、身体のほてりなど様々な症状を示し、肉体的にも精神的にも極めて辛く、日常生活にも支障を来たす疾患です。

　花粉症の中ではスギ花粉症が最も患者数が多く、日本では3000万人以上の患者が居ると推定され、今や3～4人に1人以上の割合です（49頁、**図3-4参照**）。

第3章　PM2.5 あるいは DEP の人への健康影響

　1960年以前の日本では、花粉症は報告されていません。しかし、1961年にブタクサの花粉アレルギーが報告されてから、日本でも様々な花粉アレルギーが報告されるようになりました。

　このことは、気管支喘息と同様に、花粉症も遺伝的素因が変わったために発症するようになったわけではなく、環境要因が変わったことによります。なぜなら、集団の遺伝子が数十年や数百年で変わるなど言うことは生物学的に有り得ないからです。

　一方、第2次世界大戦後の日本で増えたものの一つに自動車が挙げられています（p.14、図1-3参照）。とりわけ健康影響の大きいディーゼル車は、1951年に1.5万台弱であったものが1983年には515.2万台へと340倍以上の増加です。この増加は花粉症が急増した時期と重なっています。このような事実に加えて、ネズミでの実験研究や疫学研究から、ディーゼル排ガスと花粉症の因果関係が証明されています。

　自動車排ガスのような環境要因と花粉症との関連がはじめて明らかにされたのは、スギ花粉症です。スギ花粉症は戦前の日本では報告されていませんが、1963年に日光街道に近い小学校の学童の中に多数認められ、ディーゼル排ガスとの関連が疑われたのです。

　スギ花粉症とディーゼル排気微粒子（DEP）の関連を明らかにしたのは、栃木県の古河日光総合病院（現在、古河記念病院）の小泉一弘医師でした。彼は、日光市周辺にアレルギー性鼻炎症状を示す児童が多いことに気付き、市街部（今市市地区）と山間部（小来川地区）について調査したところ、両地区で花粉の飛散量はあまり違わないのに、山間部の児童より大型ダンプカーなどの交通量の多い日光街道沿いの児童に花粉症が多いことを突き止めました。この調査結果から、自動車由来の汚染物質が花粉症に関っているのではないかと考えたわけです。

　その後、彼は東大医学部物療内科の村中正二先生らと共同で研究を進め、ディーゼル排気微粒子（DEP）が花粉症を引き起こすことを証明しました[36]。

その後、東京慈恵会医科大学の耳鼻科の医師団が、東京の中原街道や青梅街道沿いの地区と東北の空気のきれいな山村地区の学童を対象に8年間調査し、花粉症の割合は東京の方が多いことを明らかにしました。また、気管支喘息とは違って、花粉症はIgE抗体価の増加につれてひどくなることも明らかにしています。
　しかし、これほど明確な研究報告があるのに、環境庁はこの因果関係を白とも黒とも認めていません。

3. 循環器系への影響

短期間の暴露による影響

日本の前記 20 地域研究[6]では循環器疾患を原因とする過剰死亡率も調べられていますが、PM2.5 濃度が 25μg/㎥増加すると、汚染当日の死亡率は 0.2% の増加で有意ではありませんでした。しかし、日本の前記 13 政令指定都市の結果[7]では、SPM が 25μg/㎥増加するごとに循環器疾患による過剰死亡率は 2.2% と有意な増加を認めています。

さらに、PM10 や PM2.5 のような粒子状物質はその増加数時間後から数日後の心拍数の増加、心拍変動の低下、安静時血圧の上昇、炎症反応の指標である C-反応性タンパク質（CRP）濃度や血栓形成に関わるフイブリノーゲン濃度の増加、糖尿病患者における血管拡張障害、虚血性心疾患患者の運動負荷時の心電図異常、心臓停止の危険率の上昇などと関連しているとする非常に多くの報告があります。

なお、多くの報告の中で、循環器系への影響は日本人より欧米人で強い傾向があります。これは、欧米風の食生活に伴う心疾患リスクが欧米人ではもともと高く、それに PM2.5 の負荷が加わることで影響が出やすくなるためと考えられます。

これら症状の発症メカニズムとして、粒子状物質が肺胞内で炎症反応を引き起こし、血管を収縮させる作用を持つエンドセリンを産生するため、と考えられています。その結果、血管内面を覆っている血管内皮細胞の機能が低下し血管を収縮させ、さらに血中で炎症が進行し血栓形成に関わるフイブリノーゲンを増加させること等によって動脈硬化や血栓形成につながるものと推測されています。

このことは、PM2.5 あるいは DEP の影響は肺や鼻腔などの呼吸器系に留まらず、血管に入って短期間で心臓や脳などの循環器系へも影響していることを示します。

長期間の暴露による影響

循環器系疾患への長期影響については、生活習慣病の原因因子解析研究としても名高い WHI 観察研究[19]（Women's Health Initiative Observational Study、2007）があります。これは米国の 50-79 歳の閉経後の女性を対象にしたコホート研究です。

これによると、PM2.5 が 25μg/㎥増えるにつれて、循環器系疾患の発症危険率は 1.71 倍、心臓の冠動脈疾患では 1.61 倍、脳血管疾患（脳卒中）では 2.12 倍になったといいます。さらに、循環器系疾患の死亡危険率は 4.11 倍で、冠動脈疾患の死亡の確実例で最も強い関連性が認められています。

さらに、2009 年以降の PM2.5 長期曝露と脳卒中による死亡率に関する優れた 10 論文をメタアナリシスした総説[20]では、PM2.5 が 10μg/㎥増えると脳卒中の死亡率は 10.6% 増えると報告しています。

なお、上記のような汚染レベルの上昇によるリスク増加を示す報告だけでなく、DEP 汚染の低下で死亡率が減ったとする報告もあります。岡山大学の頼藤貴志准教授（環境疫学）らは、東京都内の PM2.5 汚染が改善傾向に向かったことにより、脳卒中の死亡率が 8.5% 減り、都内で年間 632 人の脳卒中死亡が減ったと推計しています。実際に測定された PM2.5 の平均濃度は 2002 年に 27.5μg/㎥であったものが 2009 年には 15.9μg/㎥まで減っています。

調査は、2006 年 4 月の前後各 33 ケ月間に都内の PM2.5 汚染と都内区部の脳卒中死亡者数を一日ごとに調べ、さらに全国的な脳卒中死者数の推移やインフルエンザ、熱中症など脳卒中死亡に影響をおよぼす要因を補正しています。東京都の政策としてのディーゼル NO 作戦が大変な人的損失を食い止めたことが分かります。この頃、政府・環境省は因果関係なしとして、東京都の厳しい環境基準値をダブルスタンダードだと批判していたのです。為政者の政策が如実に人の命を左右する証左です。

4. 認知機能への影響

　最近、ディーゼル排ガス（DE）が人の脳・神経系に影響を及ぼすと言う報告が増えています。

　例えば、自動車由来粒子状物質（PM）の汚染地域に居住する高齢者の認知機能を調べたところ、**図3-7**に示すように、住居が沿道に近いほど、すなわちPM濃度が高い地域の人ほど認知機能が低下し、その程度は汚染レベルに直線的に相関していたとするものです[21]。

　この調査はドイツ人女性399人を対象としたもので、54-55歳時点で認知能力などのベースライン調査を行い、68-79歳になった時点で認知

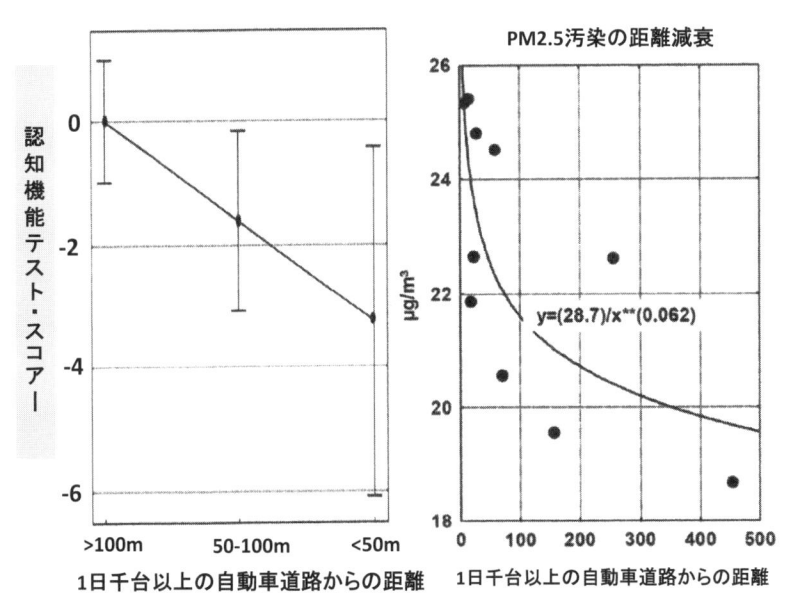

図3-7. 自動車由来粒子状物質の汚染に伴う高齢者の認知機能の低下に関する報告[21]

　左の図は、自動車が1日千台以上通る道路からの距離が近い住民ほど認知機能が低下していることを示す。右の図は道路から離れるに伴うPM2.5濃度の減衰曲線を示し、PM2.5汚染はNO_2場合とは異なり減衰しずらく、500m離れても30％くらいしか減らないことを示す。

機能変化を調べています。認知機能検査は、言語の流暢性、物品画像の名前を当てるテスト、精神現在症ミニテスト（現在の日時、曜日、居場所などを尋ねる認知機能テスト）、単語の思い出しテスト（すぐに思い出す早期想起能テストとヒントを与えて思い出す遅延想起能テスト）など10種のテストを組み合わせたCERAD-プラスと呼ばれるテストを行ったものです。

なお、この調査地域の自動車沿道からの距離によるPM2.5濃度の変化も図に示しました。調査対象者の居住地域の汚染は$18-25\mu g/m^3$の範囲で、特別な異常汚染地域ではありません。

また、米国ボストン市での調査[22]では、居住地の自動車由来の黒煙炭素濃度の増加につれて児童の知能が低下していると報告しています。調査は8-11歳の児童202人を対象にしています。

2種類の認知機能検査を行い、部部的に欠けた絵を見てそれが何かを答える認知処理能力テストではIQ値が7.7点ほど低下し、教育的な習得度テストでも3.4点ほど低下し、いずれも有意であったといいます（カウフマンの短い知能テスト（K-BIT））。

もう一つの広範な記憶能力と学習能力を調べるテスト（WRAML）では、表示された図案の中の一部欠損した所に当てはまる図案を選ぶ視覚性認知能力と言語発声能力、学習能力などを総合したIQが、それぞれ5.3点と3.8点と有意に低下していたといいます。

さらに、アルツハイマー病と関連した報告もあります。後の**87頁**に簡単な発症のメカニズムを紹介しますが、アルツハイマー病では、アミロイドタンパク質42（A β 42）という異常なタンパク質が凝集・蓄積し、それが活性酸素を産生し脳・神経細胞を損傷することが知られています。これに関するメキシコの報告[23]を見てみましょう。

メキシコ市は大気汚染が激しいことで有名な街ですが、そこの低汚染地域と高汚染地域の中産階級の住民で非喫煙者のうちから、精神疾患歴、認知症家族歴、肥満、薬物中毒や職業暴露などがなく死亡した19

人の脳標本を調査した報告です。

　脳のてっぺんの部分の前頭葉と記憶を司る海馬の中のAβ42量を調べた結果、高汚染地域の人では低汚染地域の人のそれぞれ3～7倍と高く、また炎症の指標である遺伝子（COX2）の発現割合は部位により2～25倍も高かったといいます。まだ、人数が少ないのですが、克明な調査で無視言えない報告と思われます。

　アルツハイマー病は、上記のように、活性酸素が関わる酸化ストレスと強い関連が知られています[24-26]。また、アルツハイマー病の主要なリスク因子は加齢と女性とされています。人は加齢につれて酸化ストレスが蓄積しますので加齢がリスク因子であることは分かります。一方の女性がリスク因子とは、女性が男性より長寿であるからではないようです。若い女性のミトコンドリアは活性酸素を産生するAβ42の毒性から保護されていますが、高齢女性は保護されていないといいます。高齢女性は女性ホルモンが不足しているのでミトコンドリアが酸化ストレスから守られておらず、脳・神経細胞もアポトーシス（細胞の自殺現象）を起こし易いとのことです[27]。

　一方、このような酸化ストレスに関連して、アルツハイマー病患者の食事の抗酸化物質摂取量調査が行われており、カロリーの摂り過ぎ、野菜の摂取不足、ビタミンCやビタミンE、ポリフェノールなど抗酸化物質の摂取不足、神経ビタミンと言われるB系ビタミンの摂取不足、魚の摂取量が少ないなどという結果が報告されています。こうした抗酸化物質の摂取不足が脳神経細胞を傷害する活性酸素の増加を招いて、Aβ42やサイトカインなどの炎症指標の増加というアルツハイマー様病態を促進していることが示唆されています。

　また、アルツハイマー病には遺伝的リスク因子が知られています。アポE4と呼ばれる、動脈硬化などに関係するLDLなどのリポタンパク質を構成しているタンパク質です。このタンパク質にはアポE2型、アポE3型及びアポE4型の3種があり、アポE3型が正常型です。アポ

E2 型は脂質代謝異常と関わり、アポ E4 型がアルツハイマー病になる確率が高いリスク因子といわれています。しかし、アポ E4 型の人が全てアルツハイマー病になるわけではありません。

ところが、メキシコ市の高汚染地域在住のアポ E4 型の人が自動車由来 PM2.5 を長期間吸うと、アルツハイマー病の指標の A β 42 が増えていたという報告[28]です。25 歳以下の若い人にも関わらず、アポ E3 型の人では 59% の人で A β 42 の増加が見られたのに対しアポ E4 型では 100% の人に A β 42 の増加が見られたといいます。

以上のように、PM2.5 あるいは DEP は、その短期間暴露でも長期間曝露でも全死因死亡率、肺がんによる死亡率、呼吸器疾患による死亡率、循環器疾患による死亡率の増加を引き起こすことが疑いのない事実とされています。さらには、認知機能の低下を引き起こすことも疫学調査で認められています。疫学調査でこうした影響が判明したことは極めて重要な意味を持ちます。

しかし、疫学調査には、たまたま PM2.5 あるいは DEP と相関があっただけかもしれないという疑問が残ります。そのため、原因物質を PM2.5 あるいは DEP と断定できないのが疫学調査の短所です。

一方、PM2.5、DEP あるいはディーゼル排ガス（DE）をネズミなどの実験動物に投与あるいは吸わせて同じ疾患が発症することが証明されればその因果関係は強固になります。しかも、実験動物では病気の発症メカニズムも明らかにすることができます。そのメカニズムが人で発症するメカニズムと同じならば、両者の因果関係は否定しようがないものと考えられます。

そのため、次の第 4 章では動物実験による各種疾患の発症データとその発症メカニズムを紹介します。

第4章 動物実験で分かった健康影響とその作用メカニズム

1. DEP あるいは PM2.5 の毒性メカニズムについて

DEP あるいは PM2.5 が活性酸素を産生し、毒性を発揮するメカニズム

　私たちは、DEP がどのようなメカニズムで毒性を発揮しているのかを調べるため、マウスの気管から肺に DEP を注入して死亡率を調べました（図 4-1）。図から分かるように、DEP の投与量を増やすと死亡率は増え、0.9mg で全てのネズミが死亡しました。解剖の結果、肺の中の毛細血管が損傷され、血液中の水分が肺胞部分に漏れ出し、呼吸ができない肺水腫を起こしていました。

　この当時、私は血管の細胞は活性酸素に非常に弱いという論文を読んだばかりでした。そこで、DEP 中のある有機炭素成分が肺内で代謝されて活性酸素（O_2^-、スーパーオキシド）を産生し、さらに変化した最強の活性酸素が毛細血管を痛めたのではないかと推測しました。

　O_2^- は、名前にスーパーと付いていますが、酸化力や毒性は極めて弱い活性酸素です。一般的に、O_2^- は体内で過酸化水素（H_2O_2）に変わり、さらに微量の Fe や Cu が触媒として働くと最強の活性酸素・・OH（オーエッチラジカルあるいはヒドロキシラジカル）になります。点で示したドットはラジカルを表します。

　それで、マウスの肺に DEP を注入し、同時に尻尾の血管から活性酸素（O_2^-）を消す働きを持つ SOD（スーパーオキシドジスムターゼ）という酵素を投与してみました（DEP+SOD 群）。すると、死亡率が 30%

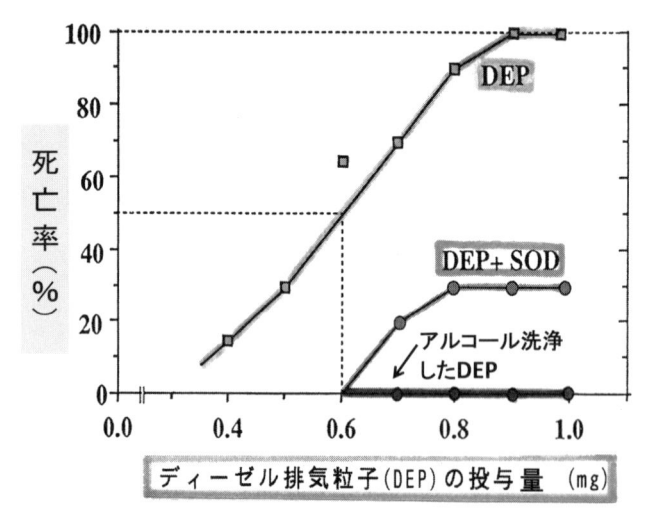

図 4-1. ディーゼル排気微粒子（DEP）を気管内に注入した実験でのマウスの死亡率曲線[29]

　マウスの肺へのDEP注入量の増加に伴い死亡率が増え、0.9mg注入で100％が肺水腫を起こして死亡。その時、尻尾からスーパーオキシド（O_2^-）という活性酸素を消す酵素（SOD）を投与すると死亡率は30％に低下し、DEPをエタノールで洗った残りのスス（アルコール洗浄したDEP）注入では全く死ななかった。このことは、死因は活性酸素による血管障害であることを示唆する。

に低下しました[29]。このことは血管の細胞毒性因子は活性酸素であることを示唆します。

　なお、DEPに多量に付着している硫酸塩や硝酸塩の画分にはめぼしい毒性は認められませんでした。また、ラットに硫酸ミストを長期間吸わせる実験もしましたが、あまり毒性が強くないことに驚いた経験があります。

　そこで、活性酸素（O_2^-）を産生する成分は有機炭素成分であろうと考え、エタノールでDEPを洗浄し、有機炭素成分を除いた残りのスス（アルコール洗浄したDEP）を投与するとネズミは1匹も死にませんでした。さらに類似の実験で、鉄や銅を囲い込んで（キレートして）働かないようにする薬物と一緒にDEPを投与するとやはり死亡率が顕著に低下しました。

第4章 動物実験で分かった健康影響とその作用メカニズム

これらの事実は、DEP 中の有機炭素成分が肺で代謝されて活性酸素 (O_2^-) を産生し、これが H_2O_2 に変わり、さらに Fe や Cu が触媒して最強の活性酸素・OH を生成したことを示唆します。

このことを確認するために、肺をすりつぶした成分 (S9-mix) と DEP を試験管の中で混ぜた実験も行いました。その実験でも、確かに・OH が生じること、重金属キレート剤や活性酸素を消す作用を持つ酵素や抗酸化物質を加えるとこの反応が阻害されることもラジカル測定器を使って証明できました[29]。

この DEP が活性酸素を産生するメカニズムを図4-2に示します。元素状炭素、EC と書いた炭素だけでできているススの表面には鉄 (Fe) や銅 (Cu) のような重金属が微量に付着し、有機炭素成分としては亀の甲羅（芳香環）が幾つも連なった多環芳香族炭化水素 (PAHs) 類とそれにニトロ基 ($-NO_2$) が結合したニトロアレーン (NO_2-PAHs)、

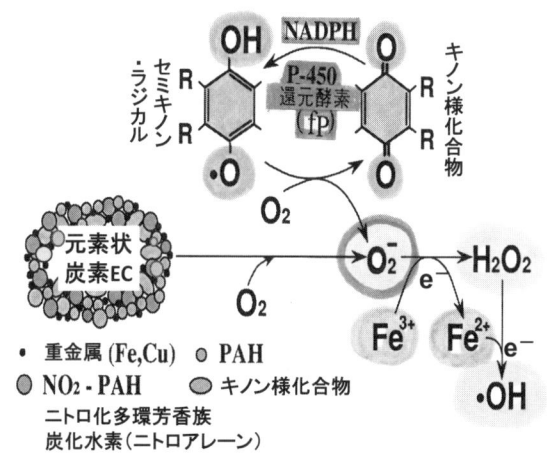

図4-2. ディーゼル排気微粒子 (DEP) から活性酸素が生成するメカニズム

DEP 中には多環芳香族炭化水素 (PAHs)、ニトロアレーン、キノン様化合物、微量重金属などが含まれている。ここでは、キノン様化合物を例として説明。キノン様化合物は、細胞内の NADPH という補酵素と P-450 還元酵素 (fp) の働きで代謝され自分はセミキノンラジカルになる。この時に酸素に電子を1個渡して O_2^- を作る。この O_2^- は、さらに電子をもらって過酸化水素 (H_2O_2) になり、さらに電子をもらって最強の活性酸素のヒドロキシラジカル (・OH) を産生する。

あるいはそれらに類似したキノン様化合物など様々な有害有機炭素成分が含まれています。これら有機炭素成分はタバコのタール成分と非常によく似ています。さらに、タバコタールには無いダイオキシンやPCB類に加えて奇形を誘発するフタール酸エステルなども含まれています。図では、代表としてキノン様化合物を用いて活性酸素ができるメカニズムを説明します。

キノン様化合物とは亀の甲羅（芳香環）の上と下に酸素が二重結合している物質のことです。これらの物質は、肺に多量に存在し薬物や異物を代謝するP-450還元酵素と呼ばれる酵素によって代謝され左側の化合物（セミキノン・ラジカル）に変化します。P-450還元酵素とは私たちの体内で薬物や異物を解毒・代謝する酵素の1種です。特に、肝臓に多いのが特徴ですが、肺にも多量に存在します。また、セミキノン・ラジカルとはOH基と・O基（酸素ラジカル基）を持つ化合物のことです。

このセミキノン・ラジカルは非常に不安定な物質なので細胞内の酸素に電子を1個渡して自分は元の安定なキノン様化合物に戻ります。この時、電子を1個もらった酸素は活性酸素（O_2^-）になります。O_2^-は先に述べたSODという酵素で代謝されH_2O_2に変わります。このH_2O_2は、通常はカタラーゼやGPx（グルタチオンペルオキシダーゼ）という体内の抗酸化防御酵素で代謝され無毒な水（H_2O）になります。しかし、H_2O_2を無害化する酵素作用が間に合わないほどO_2^-やH_2O_2が多量に産生されると、FeやCuの触媒で・OHができてしまいます。この・OHが毛細血管を破壊し肺水腫で死に至らせたものと考えられます。

一方、細胞内で恒常的に作られるNADPHという補酵素があればキノン様化合物は繰り返しセミキノン・ラジカルに変わりO_2^-を作り続けます。このため、NADPHという補酵素が作られる限り、DEPから際限なくO_2^-が作られるのです。これがフリーラジカル反応の特徴です。普通の化学反応は物質同士が1：1で反応すると反応はそれで終わりま

す。しかし、ラジカル反応は補酵素さえ供給されれば同じ物質が何度も繰り返し反応して活性酸素を作ります。そのため、ひとたび DEP が体内に入ると多量の活性酸素（・OH）が産生され続けるのです。

この・OH は、私たちが放射線を浴びた時に、遺伝子に傷を付ける物質そのものです。DEP の遺伝子損傷作用は放射線の遺伝子損傷作用と全く同じ活性酸素によって起こっているのです。また、私たちは怪我をしたときオキシフル（H_2O_2 の 3% 溶液）で消毒します。この時も、出血した血中ヘモグロビン成分の Fe が触媒として働きシュワッと泡ができます。この時・OH ができ、バクテリアを殺しています。その証拠に、傷が無い皮膚にオキシフルを塗ってもシュワッとなりません。・OH は発生しないのです。このように、活性酸素は生体を傷害する場合にも防御する場合にも働いているのです。

DEP あるいは PM2.5 が活性酸素を産生するもう一つのメカニズム [30, 31]

私たちの肺の内では細菌や微粒子などの異物が入ると、肺胞マクロファージという免疫細胞がそれらを分解・排除してくれます。この時、マクロファージは細胞表面にある酵素（NADPH-酸化酵素）を働かせて活性酸素を大量に産生し、バクテリアを殺しています。活性酸素をピストルの弾として使っているのです。そのお陰で肺炎にもならず健康でいられます。素晴らしい生体防御機構です。

ところが、こうした優れた生体防御系では、肺の中に DEP や PM2.5 が入ってくるとマクロファージがこれを殺して処理しようとして、図4-3 に示すように、大量の活性酸素や一酸化窒素（NO）を発射します。NO もマクロファージが作る活性酸素の一種です。しかし、いくら発射しても DEP は一向に死にません。生き物ではないので当然です。そのため、マクロファージはさらに多量の活性酸素を発射し続け、それが周辺の細胞や細胞内の DNA を損傷します。活性酸素による DNA の酸化損傷産物は 8-オーエッチ・ディージー（8-OHdG）と呼ばれます。8-

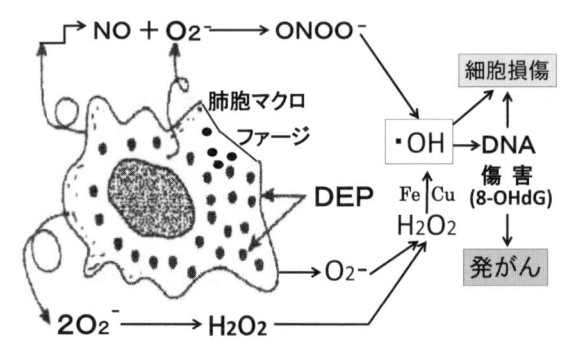

図 4-3. マクロファージが DEP を貪食して活性酸素と一酸化窒素（NO）を産生し、それらが細胞損傷や DNA 損傷を起こして発がんに導くメカニズム [30、31]

　OHdG とは、DNA 塩基のグアノシン（G）の 8 番目の位置に・OH 基が結合したもので、遺伝子が酸化損傷を受けたことを示す優れた指標です。これが血管の細胞死や発がんの第 2 のメカニズムです。
　このような生体防御機構が、異物の侵入によって自分自身の細胞や遺伝子、組織を損傷するのは DEP や PM2.5 だけではありません。タバコのタール成分による慢性気管支炎や肺がん、あるいはアスベストによる中皮腫（がん）もこれと全く同じ機構で生じる病気です。
　こうした障害から生体を防御するためには体内できた活性酸素を消してしまう酵素の活性を高め、野菜や果物からビタミン C やビタミン E、カロテン類やポリフェノール類を沢山摂ることが一つの対策になります。こうした病気の発症と活性酸素の関係については拙著「酸化ストレスから身体を守る（岩波書店）」を参照いただければ幸いです。

2. 呼吸器系疾患の発症メカニズム

DEP あるいは PM2.5 による肺がんのメカニズム [30, 31]

　ディーゼル排ガスがネズミに肺がんを起こすことは、世界の6つの大規模な研究施設で実験が行われ、その結果は、既に1985年から86年にかけて報告されています。

　ラットに約2年間ディーゼル排ガスを吸わせたところ、DEPの暴露濃度の上昇につれて肺の腫瘍発生率も上昇し、明瞭な量-反応関係が認められています。2013年10月にはWHOもディーゼル排ガスを最強の発がん物質と認定しました。日本の環境庁は、すでに2000年にディーゼル排ガスが発がん物質であることを認めています。

　私たちは、このDEPが発がん性を示すメカニズムを明らかにするため、マウスにDEPを気管から肺内に投与する実験[30]をしました。その一部を紹介します。240匹のマウスをDEPの投与量が異なる2群に分けました。① DEP-50μg投与群と② DEP-100μg投与群で、各群は120匹ずつです。DEPは毎週1回ずつ、10週間投与し、その後1年間飼育しました。

　さらに、上記の各群を実験開始時点から、さらに4郡に分け、以下のような4種の食事を与えました。各群30匹ずつになります。①普通脂肪食群、②高脂肪食群、③普通脂肪食+β-カロテン添加群、④高脂肪食+β-カロテン添加群の4種の食事群で、合計8群です。全群のネズミを1年後にト殺し肺の腫瘍の有無を調べました。なお、高脂肪食は体内で活性酸素を増加させる作用があり、β-カロテンは活性酸素を消す作用がある食品です。

　その結果、高脂肪食群の発がん率は普通脂肪食群より高く、β-カロテン添加食群の発がん率は普通脂肪食群の発症率より低いという結果となり、活性酸素が産生しやすい食事群ほど発がん率が高いことが示されました。

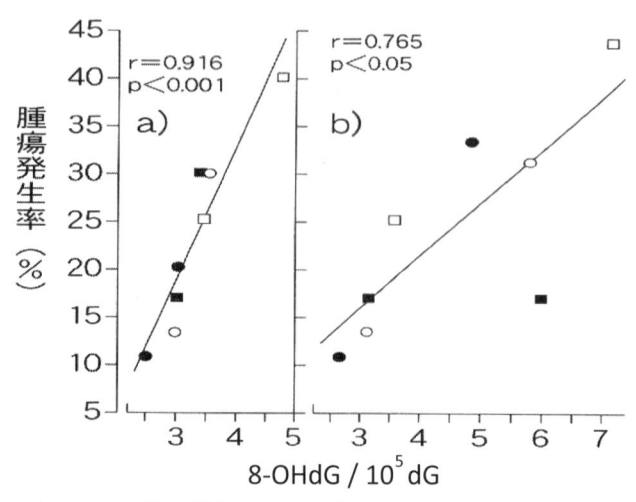

図 4-4. ディーゼル排気微粒子（DEP）によるマウスの肺の腫瘍発生率と肺内 8-OHdG 生成量との相関 [30]

a) 50μg DEP 投与群、b) 100μg DEP 投与群：○：普通脂肪食群、●：普通脂肪食＋β-カロテン投与群、□：高脂肪食群、■：高脂肪食＋β-カロテン投与群。
図では、DNA の酸化損傷物質の 8-OHdG 生成量と肺の腫瘍発生率との間に高い相関性がみられることから、がん化は活性酸素によって起こることが示唆される。

さらに、肺の遺伝子が・OH で損傷を受けて生じる 8-OHdG 量も測定しました。いずれの DEP 投与群でも肺内の 8-OHdG 量と発がん率の間に高い相関が得られました。特に、DEP 投与量が低い群のほうが高い相関が得られました（図 4-4）。DEP の投与量が少ないと DNA に損傷が起こっても死なない細胞が多くなるため発がん率が高く、8-OHdG 量との間の相関も高くなったと考えられます。以上のことから、DEP による発がんは活性酸素によることと共に、極めて少量の DEP でも生じることを示しています。

これだけではメカニズムの解明にはなりませんが、他の研究成果も含めて考察すると図 4-2 と図 4-3 の両方のメカニズムが相互に作用して肺がんになったことが示唆されます。

このように、DEP は二重、三重の経路で多量の活性酸素を産生し、それが遺伝子損傷産物の 8-OHdG 産生や DNA 鎖の切断などを起こし

ます。さらにDEPは、次頁の図4-5に示した仕組みによる炎症も起こしてがん化に向かわせことが分かっています。炎症はがん化の促進因子だからです。

急性気管支炎、慢性気管支炎のメカニズム

ディーゼル排ガスあるいはDEPやPM2.5を吸うと急性の気管支炎を起こすことは良く知られており、現在中国では患者が急増していることが日々伝えられています。

急性気管支炎は気管支粘膜で炎症が起こって発熱し、咳や痰が出る病気です。今日では、原因物質を除けば治療により数日から数週間で治癒しうる病気です。一方、慢性気管支炎は圧倒的に喫煙が原因ですが、大気汚染物質も原因物質の一つであり、日本では公害指定疾病に認定されています。

先にも述べたように、中国では1日にタバコを20本以上吸うに等しい汚染が続いています。慢性気管支炎に進行する可能性が極めて高く、特に、子供や高齢者では深刻です。慢性気管支炎は重篤な咳と痰が長く続き、呼吸が非常に苦しい病気です。ひどくなると酸素ボンベを持ち歩かなければ生きて行けません。

今日、DEPやPM2.5による急性気管支炎や慢性気管支炎の発症メカニズムは報告されていません。しかし、タバコによるメカニズムは詳しく報告されています。タバコのタール成分とDEPやPM2.5の成分はよく似ています。特に、有機炭素成分は似ています。

ここでは、タバコのタール成分の有機抽出物（CSE, Cigarette Smoke Extracts）が炎症を起こすメカニズム[32]を紹介します（図4-5）。また、このメカニズムは細菌感染による気管支炎とも全く同じであるうえに、炎症一般のメカニズムでもあるのです。

まず、図中でCSEと記したタバコのタール抽出物は気管支表面を覆っている気道上皮細胞の細胞膜に存在するトール様受容体4（TLR4、

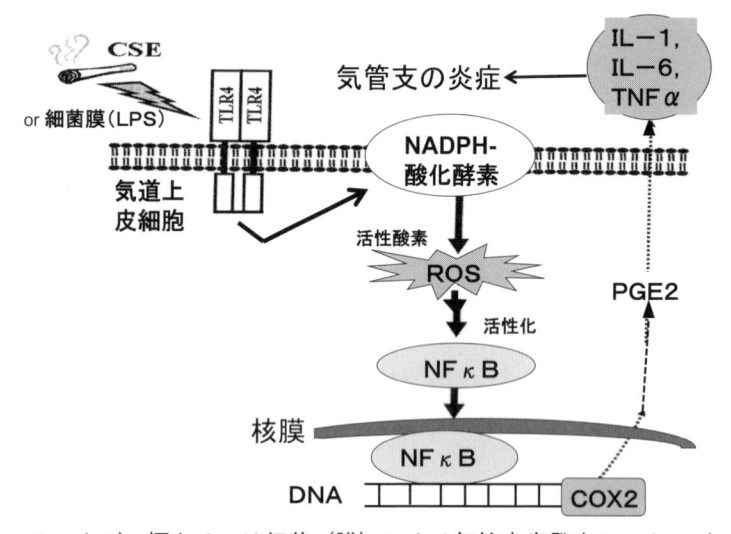

図 4-5. タバコ煙あるいは細菌（膜）による気管支炎発症のメカニズム [32]

タバコ煙抽出物（CSE, Cigarette Smoke Extracts）が気道上皮細胞の表面にあるトール様受容体4（TLR4）に結合するとその刺激でNADPH-酸化酵素が活性化され活性酸素（ROS）が生じ、そのROSが核内転写因子のNFκBを活性化する。活性化されたNFκBは核内に移行し、そこで炎症関連遺伝子（COX2等）を活性化し、炎症性サイトカインを多量に産生して気道の炎症である気管支炎を引き起こす。

Toll Like Receptor 4）に結合します。CSEが結合したという情報が細胞内に伝わるとNADPH-酸化酵素が活性化されます。この酵素は、先の65頁と68頁に紹介した活性酸素（ROS, Reactive Oxygen Spesies）を産生する酵素です。ここで産生した活性酸素は他の仲介因子を介してNFκB（エヌエフカッパービー）という「核内転写因子」を活性化します。核内転写因子とは、もともと細胞質内に存在する因子ですが、活性酸素によって活性化されると核内に移動してDNAの特定領域に接着しDNAから遺伝情報を読み取る「転写」と呼ばれるプロセスを活発化させるタンパク質です。

この結果、遺伝子（DNA）から炎症に関わる様々な遺伝情報（ここではCOX2と記載）が読み取られます。COX2とはシクロオキシゲナーゼという酵素の遺伝子のことです。このCOX2遺伝子から作られる酵

素から炎症を起こすプロスタグランジン E2（PGE2）が多量に合成されます。次に、PGE2 が刺激となってマクロファージなどが炎症を起こす物質を大量に作ります。TNFα、IL-1、IL-6 などと記したサイトカイン類です。サイトカインとは、細胞内の情報を伝達するタンパク因子で、TNFα、IL-1、IL-6 などのサイトカインは強い炎症を起こす物質です。その結果、気管支で炎症が起こり急性気管支炎や慢性化すれば慢性気管支炎へと進行するのです。

また、図中 CSE の下に細胞膜（LPS）と記載しましたが、これは感染細菌の細胞膜です。この LPS も TLR4 に結合して、上記と全く同じメカニズムで炎症を起こし、細菌性の気管支炎などへと進行させます。

気管支喘息のメカニズム

気管支喘息の発症は、次の項の花粉症やその他のアトピー性皮膚炎などと同じ IgE 抗体が関与するメカニズムで起こります。次項の花粉症を参照いただきたいと思います。

しかし、都市部の沿道の大気汚染による気管支喘息の発症は IgE 抗体によるメカニズムだけでは説明できない部分があります[33-35]。私がある講演会に呼ばれたとき、ある母親が次のようなことをいいました。「喘息の二人の子供を持っていますが、上の子は IgE 値がすごく高いのに喘息はそれほどひどくないのに、IgE 値が低い下の子のぜんそくがものすごくひどい」というのです。私はこの話を聞いて驚き、喘息には IgE が関わらないものもあるのかもしれないと感じたのです。

この喘息のメカニズムに関する研究結果と大気汚染公害裁判での因果関係論争については第5章で詳しく紹介します。

花粉症のメカニズム

花粉症と DEP の関係の実験は、先に述べた日光市の小泉先生と東大の村中先生らの研究[36]で、マウスに鼻からアレルゲン溶液か DEP ある

いはその両方を投与しています。いわゆる点鼻投与実験です。この実験では、アレルゲン（OA、卵の白身のタンパク質）単独投与あるいはDEP単独投与ではアレルギー反応の指標であるIgE抗体価は検出限界以下でしたが、両者を併用投与するとほぼ100倍にも増えたと報告しています。

そのメカニズムは図4-6のように説明されています。目や鼻の粘膜に入ったスギ花粉などのアレルゲン（抗原成分）は目や鼻粘膜に存在するマクロファージによって異物と認識され、その情報がリンパ球の2型ヘルパーT細胞（Th2）に伝えられます。マクロファージは前線の兵隊の役割を果たす細胞で、司令官であるTリンパ球に前線の情報を伝えます。司令官（Th2）は、Th0細胞を介してマクロファージから受

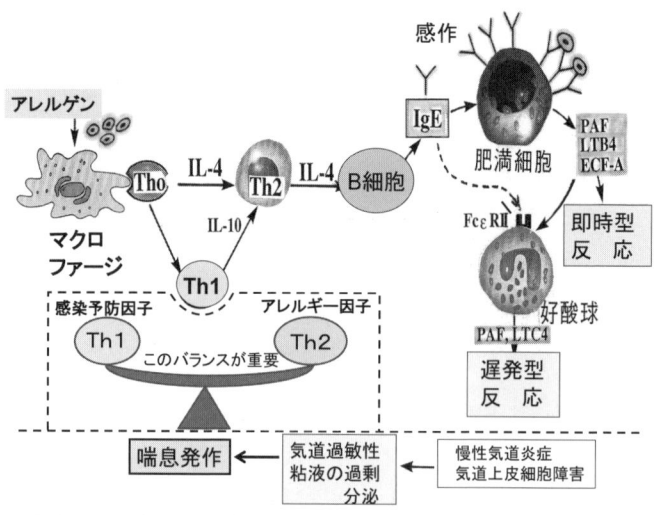

図4-6. 免疫グロブリンE（IgE）抗体の産生を介したアレルギー反応発症のメカニズム

鼻腔などにアレルゲン（抗原）が侵入するとマクロファージが抗原情報を認識し、その情報を司令官のTリンパ球に伝える。Tリンパ球はその情報をBリンパ球に伝えて侵入抗原と特異的に反応する抗体（IgE）を作るように命令する。このIgEは肥満細胞に結合し、そこへ2度目に侵入してきた抗原が結合して肥満細胞は活性化されPAF, LTB4, ECF-Aなどのアレルギー反応を引き起こす化学兵器を放出する。この化学兵器がクシャミ、鼻水、鼻詰まり、気管支レン縮などを引き起こす。

第４章　動物実験で分かった健康影響とその作用メカニズム

け取った情報を部下のB細胞（Bリンパ球）に伝え、直ちに異物と特異的に反応するIgE抗体を大量に作れと命令します。カギとカギ穴に例えると、IgE抗体はカギに相当する物質で、肥満細胞の表面にあるカギ穴に相当する受容体と呼ばれる穴に結合します。この状態を感作された状態と言います。この状態のところへ２度目に入ってきたアレルゲンがIgEの頭の部分に結合すると肥満細胞は活性化され、PAF、LTB4、ECF−AなどとJ示した化学兵器を放出します。これら化学兵器がクシャミ、鼻水、鼻詰まりなどのアレルギー反応を引き起こす化学伝達物質です。この反応はアレルゲンが侵入して10〜30分後の早い時期に起こるので即時型反応といいます。

　さらに、PAF、LTB4、ECF−Aなどの化学兵器は白血球の一種である好酸球にも作用し、より多くの化学兵器を製造させてアレルギー反応を引き起こします。また、IgEが好酸球のカギ穴に結合すると好酸球が活性化され、多量の化学兵器が産生される仕組みもあります。図中に矢じり付きの曲った点線で示した経路です。これらの反応はアレルゲンを吸い込んでから7〜10時間後に現れるので遅発型反応と呼ばれます。なお、スギなどの花粉は30〜50μmと非常に大きいので鼻腔で引っかかり、気道や肺には入りません。そのため、症状は目や鼻の粘膜に限られるのです。一方、カビやダニの死骸などはPM2.5なみの大きさなので気道の奥まで侵入して気管支喘息を引き起こします。

　この気管支喘息も上記と同じIgE抗体が関与するメカニズムで発症します。それを疑う人はいません。図中の下部のまっすぐな点線の下に示したように、主に遅発型反応で気道に慢性炎症が起こり、気道上皮細胞が損傷を受けるので気管支喘息の最も重要な基本病態です。それと共に、気道で痰が過剰に産生され、また気道上皮細胞の損傷・剥離に伴い気道上皮細胞の下に分布している神経が露出するため神経が過敏になり気道も過敏になり、その結果、喘息の発作が起こるのです。しかし、ここで問題なのは、都市部の道路沿道に居住する喘息患者ではIgE値は

ほとんど増えていないことです。他のメカニズムもあるのです。このことについては、第5章で紹介します。

一方、環境汚染物質の環境基準値を決める場合、ヒトは実験動物より10倍敏感であり、ヒトの間でも個人差が10倍あると考えられ、動物実験の結果を使う場合にはほぼ100倍の安全率を考慮して決められています。

花粉症については、ヒトと動物の間の感受性がどのくらい違うのかは不明ですが、国立環境研究所の小林隆弘博士によるベンチマーク濃度の計算によると、ネズミで花粉症を起こす濃度は $33\mu g/m^3$ でした。これは、動物間の種差やヒトの個人差を考慮するまでもなく、現実の大気汚染レベルで花粉症が多発する濃度と言えます。大都市部では花粉症の割合は3人に1人といわれていることの証拠です（49頁、**図3-4参照**）。

> 注）ベンチマーク濃度とは：バックグランド（対照群あるいは対照地域）に比べて特定の有害な影響（花粉症など）に変化が生じる濃度のこと。

3. 環境ホルモン作用（生殖器系の異常）とそのメカニズム

ヒトの精子数減少に関する研究報告

1993年、スウェーデンの研究者がDEPにヒトの精子の運動能力を低下させる作用があると報告しました。この実験は精子の溶液にDEPを加えて観察したものです。これなら、精液に砂糖を加えても起こるかもしれません。研究論文はよく読まなければ評価に値するかどうか分からないものですが示唆に富んでいます。

一方、原因は特定されていませんが、世界中で青年の精子数が減少していることが報告されています。これは、実際に青年から採取した精子を数えているので評価に値します。

さらに、デンマークのスキャケベク教授らは、1992年に世界30ヶ国の61論文から、青年の精子数のデータを総まとめし、近年の若者の精子数は1940-50年代の青年に比べて減少傾向にあると報告[37]しています。また、精液1ml当たり1億匹以上の精子がいる人の割合も減っており、5千万匹くらいの人の割合が増えているとも言っています。

一方、日本国内でも同様の報告があり、最近は1億匹かそれ以下に減っているとのことです。そのうえ、昔は5千万匹以下という人の割合は6%くらいでしたが、最近では40%近いというのです。

例えば、札幌医大からの報告[38]では、1975-1980と1990年の調査で、平均精子数はそれぞれ7千万匹と7千9百6十万匹であり両調査間に有意な差はなかったとしています。さらに、2013年の川崎、大阪、金沢および長崎地域の有名大学による1559名の青年の調査[39]では、精子数は平均5千9百万匹とのことで、4千万匹以下の人が31.9%おり、1千5百万匹以下の人も9%いたとのことです。さらに、世界保健機構のルールに基づいて判定した「形態的に正常」と言える精子を持つ人はたった9.6%であったといいます。

こうした、数の低下、形態異常と運動能力の低下などは、人類の生存

にも関る由々しき事態といわなければなりません。男性のこのような精子減少傾向は、「あと数世代後には完全な不妊レベルに達する」と危惧する意見もあるからです。

しかし、こうした影響が何によって起こっているかはまだ全く不明です。様々な生活スタイルの変化が影響していると考えられますが、世界自然保護機構（WWF）は何等かの内分泌かく乱物質（環境ホルモン）が原因とみているようです。DEPやPM2.5に環境ホルモン作用があることは広く知られていますが、それらが人の精子に影響を及ぼしているかどうかは全く分かっていません。ただ、こうした影響は母親の胎内にいた時から始まっていると考えられており、動物実験ではこうした現象が胎生期から起こっていることが多数報告されています。

マウスの精子数の変化とヒトのリスク評価

上記のような報告の真偽をヒトで実験することは出来ません。そんな時、東京理科大学薬学部の武田健教授から、マウスにディーゼル排ガス（DE）を長期間吸わせ、精子数に変化が起こるかどうかを調べたい、という提案をいただきました。検査はすべて武田先生のチームが行ってくれました。

DEを1日12時間ずつ6ケ月間吸わせた結果、DEP濃度 $0\mu g/m^3$ の対照群のマウスの精子数は精巣1g当たり、1日に 24×10^6 個あったのに対し、DEP濃度が1日平均 $150\mu g/m^3$ の群では29％減っていました。さらに、DEPが $500\mu g/m^3$ の群では36％減り、$1500\mu g/m^3$ 群では53％も減っていました。この結果に驚き、本当かどうかを再確認しないと発表できないと考え、再検査をお願いしましたが同じでした[40]。

この結果から、ヒトの精子産生能力の減少はどのくらいのDEP濃度で起こるかという前記のベンチマーク濃度を計算したところ $33\mu g/m^3$ でした[40]。この値は、動物と人間の種差や人間同士の感受性の違いを考慮するまでもなく、人でも起こる可能性を否定できない値です。

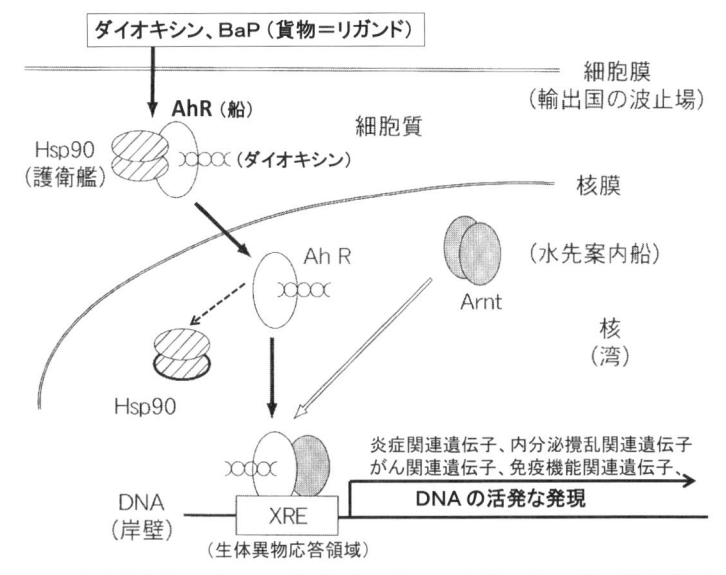

図4-7. ダイオキシンやBaPなどがアリルハイドロカーボン受容体(AhR)を介して環境ホルモン作用を発現するメカニズム

　ダイオキシンやベンツ(a)ピレン(BaP)などのリガンドが細胞内のAhRに結合するとAhR-ダイオキシン-Hsp90の3者複合体が形成され、核内に移行する。核内に移行するとHsp90は離れて、水先案内船役のArntによって岸壁であるDNAに運ばれる。それにより、DNAの異物代謝応答領域(XRE)の情報が活発に発現し、炎症関連因子、内分泌攪乱関連因子、がん関連因子、免疫機能関連因子などが多量に生成され、炎症、生殖器異常、発がん、免疫機能異常などが起こる。

PM2.5の環境基準値は1日平均35μg/㎥で、年平均は15μg/㎥ですので、現実にはこの値を越えることがしばしばみられるからです。さらに、人が胎児期に受ける影響はネズミより強く表われることも知られています。

　なお、人でも起こる可能性があっても、そのメカニズムが人と同じでなければ意味がありません。次に説明するメカニズムは人もネズミも同じであることが分かっています。

生殖器異常を起こすメカニズム
先進国の青年の精子減少の原因物質として、主にダイオキシンや

PCBなどの塩素系毒物、さらには奇形を引き起こす毒物のフタール酸エステルなどの環境ホルモンが上げられています。

一方、ディーゼル排ガスにもダイオキシンやPCB、フタール酸エステルなどが存在し、同じ作用をすることが分かっています。さらに、前頁の**図4-7**に示すように、ディーゼル排ガス中の発がん物質として有名な多環芳香族炭化水素（PAHsあるいはAh、Arylhydrocarbonsとも呼ぶ）およびそのニトロ化体のニトロアレーンにもダイオキシンなどと類似の生殖器異常（内分泌撹乱）作用が知られています。

一般に、ダイオキシンや多環芳香族化合物（PAHsあるいはAh）の1種であるベンゾ（a）ピレン（BaP）のような内分泌撹乱物質が生殖細胞内に入ると、それら内分泌撹乱物質を細胞の核内に運ぶ運搬船の役割を果たすAh受容体（AhR、Ah Receptor）に結合します。受容体に結合する物質をリガンドと呼びます。さらに、リガンドとAhRの結合物を護衛する役割のヒートショックタンパク質90（Hsp90）が結合し、環境ホルモン-AhR-Hsp90の3者複合体が形成されます。この複合体になって初めて環境ホルモンは細胞の核内（湾内）に入ることが出来ます。この複合体が核内に入ると、護衛役のHsp90は複合体から外れ、代わりに湾内の水先案内船であるArnt（Ah receptor nuclear translocator）によって岸壁に相当するDNAの特定の生体異物応答領域（XRE、Xenobiotic Response Element）に接岸されます。

船の接岸によって港が活気ずくように、DNAも活発になります。様々なDNA上のXRE領域の遺伝子が活性化されることによって、例えばダイオキシンが運ばれてきた場合には100ヶ所以上の遺伝子が一斉に活性化されます。それら遺伝子の異常な活性化によって、炎症関連遺伝子、内分泌撹乱関連遺伝子、がん関連遺伝子あるいは免疫機能関連遺伝子などが活発に発現し、炎症、発がん、免疫機能異常などが起こると考えられています。

さらに、DEPがAhRや女性ホルモンの受容体を活性化して様々な遺

伝子を異常発現させて生殖器系の異常や奇形など様々な異常を引き起こします。私達の実験[41]では、上記のAhR活性が高い動物ほど精子の奇形を起こし、かつ精子数が減少することが分かりました。

こうした事実から、ディーゼル排ガス中のダイオキシンやBaPのような多環芳香族炭化水素（PAHs、Ah）がAhRを介して生殖器異常を起こすと考えられ、人間が生殖器異常を起こすメカニズムと同じなのです。

胎児への影響

さらに、私達は、雄マウスにDEPを皮下投与してから、DEPを投与していない正常なメスと交配させると、乳房や巨大な睾丸を持った雌雄が区別できないマウスが生まれたことを経験しました。解剖の結果、膣閉塞という奇形を起こした雌でした。膣が閉塞したため、膣内に粘液が多量に溜まる膣閉塞症という奇形です。これが巨大な睾丸のように見えたのです。正常なネズミでは5万匹に1匹くらいの割合で生まれるとのことですが、私達の実験では100〜200匹に1匹くらいの割合でした。こんなに発症率が高いのはDEPの内分泌攪乱作用によるのではないかと思われます。

こうした胎児期に母親の胎内でディーゼル排ガスの影響を受けたことによる影響の報告はいくつもあります[42, 43]。

なお、これら事実はいまだ研究途上にあり十分に確定されたものとはいいがたい面もありますが決して無視してよいことではありません。過去のさまざまな公害問題は、常にこうした不確実性を内包した実験事実や現象を無視して繰り返されてきたのです。私達は、細心の注意を払い、過去の歴史に学ばなければならないと考えます。

4. 骨への影響

　ディーゼル排ガスが骨の代謝にも悪影響を及ぼすことが報告されています。2002 年に、東京都立衛生研究所の渡辺伸枝主任研究員（当時）はディーゼル排ガスを吸わせたラットの胸郭がつぶれ気味である事に気付き、環境大気中の濃度より 60 倍高い排ガスを 1 日 6 時間ずつ 1 年間吸わせる実験をしたところ、通常のラットに比べて骨量が 2 割ほど減り、骨がもろくなり骨格も変形していることを見出しました。

　また、大気汚染の度合いが違う都内 2 つの小学校の 4 年生男子の尿中の骨代謝産物を調べたところ、汚染のひどい地域に住んでいる学童ほど骨代謝産物が多く出ていたとのことです。これは骨の形成が遅れ、成長後も骨がもろくなる危険性を示唆するものです。

　ディーゼル排ガスが骨にまで影響するとは考え難いと思う方が多いと思います。しかし、加齢につれて骨が脆くなることは誰でも知っています。加齢現象にはすべからく活性酸素が関与しています。

　私たちは一生涯の間、骨を作っては壊し壊しては作り、常に新しい骨に保っています。骨を作ることを骨形成といい、壊すことを骨吸収と言います。活性酸素はこの骨吸収に働きます。

　骨にはカルシウムが重要ですが、同じようにコラーゲンも重要な構成成分で、約 50% を占めています。骨がカルシウムだけならただの固い石です。しかし、コラーゲンがあるから柔軟性を備えており、容易には壊れないのです。ちょうど建物に例えると、カルシウムはコンクリートで、コラーゲンは鉄骨に相当します。鉄骨がまばらな建物は耐震基準を満たしません。骨も同じです。

　この骨のコラーゲンはいくつものコラーゲン線維がより合わさって（架橋して）骨基質蛋白質を構成しています。その蛋白質には善玉蛋白と悪玉蛋白があります。善玉蛋白は生理的で正常な架橋をしていますが、悪玉蛋白は最終糖化産物（AGE、Advanced Glycated Endproducts）と呼ばれる活性酸素様産物で損傷を受けた病的コラーゲンで出来ています。この損傷を受けた産物で出来た骨は非常に脆く、骨折も起こりやすいことが分かっています。AGE は糖尿病や動脈硬化などの場合にも沢山作られ、生活習慣病の原因物質でもあります。

　また、骨折を起こし易い人の血液中にはホモシステインと呼ばれるアミノ酸の中間体が多いことも報告されています。ホモシステインは食事でとったタンパク中のメチオニンからシステインを作る過程の中間産物です。しかし、この中間産物は酸素を活性酸素に変える作用を持っています。その活性酸素が骨吸収を促進するのです。この骨吸収が骨の発育を阻害することは論を待ちません。

　このように考えると、活性酸素を産生する DEP や PM2.5 が骨吸収に関与する可能は否定できないと思われます。今後の研究が待たれる分野です。なお、骨あるいは骨粗しょう症と活性酸素の関連については拙著「酸化ストレスから身体を守る（岩波書店）」を参照いただければ幸いです。

5. 脳・神経細胞への影響

DEP は脳の中にまで入り込む

先に（第3章4項）、ディーゼル排気（DE）汚染が高い地域の人ほど認知機能が低下し、その程度は汚染レベルに逆相関していたということを紹介しました（59頁、図3-7参照）。ここでは、動物実験の結果とそのメカニズムについて紹介します

私が初めて DE の脳・神経系への影響を疑ったのは、私たちの DE 吸入実験施設を見学に来た研究者から、「DE を吸わせているネズミは騒がしいですね」といわれた時でした。ネズミは、昼間は寝ていて夜に動き出す習性の動物だからです。私は多動症候群なのかなと軽く思っていたものです。

それから6～7年経って、先にも紹介した東京理科大学・薬学部の武田教授と栃木臨床病理研究所の菅又昌雄所長ら[44]は、DE を吸わせた親から生まれたマウスの脳に DEP が侵入していることを見出したのです。脳の末梢血管にある細胞の中に DEP 中の超微小粒子（図2-2参照）が入り込んでいたのです。さらに、その細胞は変性し、脳の末梢血管は狭窄し、脳のゴミ掃除屋細胞であるアストロサイト（星状膠細胞）はパンパンに膨らんで（膨潤して）いることも認めています。こうした変化は大脳皮質だけでなく記憶を司る海馬にも認められたというのです。

この結果は、血液と脳脊椎液との間の関所の働きをする脳血管関門の未発達な胎児期や新生仔期には DEP から生じた超微小粒子が血管を通り抜けて特定の細胞内器官に蓄えられ、その細胞や周辺の細胞に悪影響を及ぼしている可能性を示唆しています。このように超微小粒子がマクロファージの兄弟のような脳の掃除屋細胞に取り込まれると活性酸素が作られることは他の研究者も報告しています（39頁、図2-4）。これら細胞の表面に存在する NADPH-酸化酵素が働くためといいます。気管支炎の所でお話した炎症が脳でも起こっているのです（72頁、図4-5）。

DEP は脳で炎症を起こし、脳・神経の情報伝達機能を損傷する

　さらに、武田教授らは、胎仔期から7週令までDEを吸わせた実験で、自から主体的に動く自発運動量が有意に低下し、さらに脳内情報伝達物質であるドーパミンやセロトニン量の減少を認めています[45]。

　このことは、先に述べた成獣に吸わせた場合の多動症とは異なり抑制性のうつ病や自閉症など情動面に影響を及ぼす可能性があるとともに、アルツハイマー病のような認知機能の低下を招く可能性も示唆します。実際、微小粒子が神経のドーパミン産生細胞を損傷するのです。一方で、活性酸素ができるのを阻害する薬物を投与すると細胞の損傷は現れなかったという報告があります。このことも、微小粒子は活性酸素を産生し、それが脳の細胞の損傷に関わっていることを示唆しています。

　こうした影響の評価は慎重でなければなりませんが、極めて重要な知見です。

　また、DEを6ケ月間吸わせたラットの前頭葉、中脳、小脳、側頭葉、嗅球などで炎症性サイトカインであるTNFα、IL-1、IL-6などがDEP濃度の増加につれて増え脳に炎症性の障害を起こし、またアルツハイマー病の原因物質と言われるβ-アミロイドタンパク42（Aβ42）がDEP濃度に比例して900μg/m³の最高濃度群では5～6倍にも増加していることが報告[46]されています。さらに、神経線維が綿くずのようになる神経原線維変化によってできるタウタンパク質もDEP濃度に比例してわずかに増えていたといいます。

　これら指標の変化は比較的マイルドに見えますが、その理由は実験に使ったネズミが若いことによると考えられます。先にも述べたように、人の脳・神経細胞のミトコンドリアに対するAβ42の毒性は若者より高齢者で、しかも女性で強く表れるといいます。これは、高齢女性は女性ホルモンのエストロゲンが欠乏しているからです。エストロゲンには抗酸化作用があり、さらに、細胞が役目を終えて自ら自殺、消滅するアポトーシスという現象を起こすシグナルを抑制する作用もあることが知

られています。

こうした事実から、高齢者や老齢動物では脳・神経細胞のAβ42毒性に対する防御機能が弱くなっていることが示唆されます。ですから、若いネズミの実験では影響がマイルドに表われたものと思われます。

メキシコ市は大気汚染が激しいことは先に述べましたが、そこと非汚染地区に住む犬の脳を比較した報告[47]もあります。やはり汚染地区の犬の脳では上記の炎症性サイトカイン類が増加し、その増加を引き起こす核内転写因子のNFκBと活性酸素の兄弟の活性窒素（NO）を大量に産生する酵素（iNOS）が強度に発現していたとのことです。

アルツハイマー病発症のメカニズム [25, 26]

先に述べたように、DEPやPM2.5は活性酸素を産生し、図4-5（72頁）に示したようなメカニズムで炎症を増強し、気管支炎、気管支喘息、肺がんなどを引き起こすことが知られています。

ここでは、アルツハイマー病がAβ42の産生を介する活性酸素によって起こるメカニズムを紹介します（図4-8）。アルツハイマー病では、そのメカニズムの一つに老人斑と呼ばれるアミロイドタンパク質（Aβ）の異常凝集と神経線維が綿くずのように破壊される神経原線維変化が知られています。

図に示したシナプス細胞膜（神経の細胞膜）の中にはアミロイド前駆体タンパク質（APP、Amyloid Precursor Protein）が存在しています。このタンパク質はアミノ酸が400個近くつながったもので、これが無いと神経細胞の成長障害や神経の情報伝達系の形成ができず、小さいうちに死亡すると言われています。このAPPは幼児期には沢山あり、成長につれて少なくなり、老年になるとβ-アミロイドの形で再び増えてくると考えられています。

このAPPはα-セクレターゼという酵素で分解されるとアミノ酸40個の毒性のないAβ40になり、βやγ-セクレターゼで分解されると

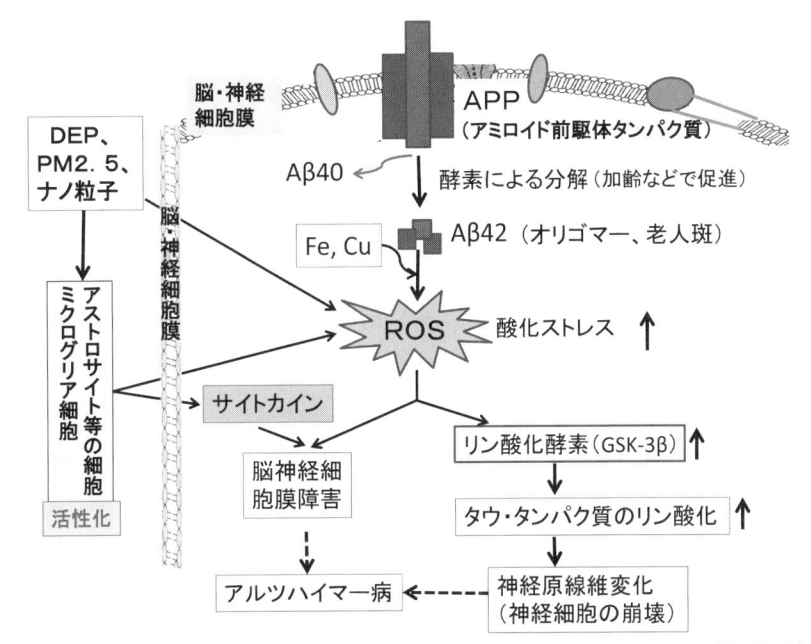

図4-8. 酸化ストレスによるアルツハイマー病の発症メカニズム[26, 48, 49]

神経細胞膜内に存在するアミロイド前駆体タンパク質（APP）は加齢によりセクレターゼという酵素により分解され、主にAβ40とAβ42に分解される。このうちのAβ42分子は凝集しやすい性質があり、オリゴマーや老人斑を形成する。それらが脳内の微量の鉄や銅と複合体を作ると多量に活性酸素（ROS）を生成し、このROSが脳・神経細胞を破壊する。また、このROSはリン酸化酵素のGSK-3βを活性化し、脳・神経の微小管タンパク質のタウタンパク質を過剰にリン酸化することで神経原線維変化を起こし、脳・神経細胞を破壊する。また、ミクログリア細胞などがDEPやPM2.5を貪食してROSやサイトカインを産生し、酸化ストレスや炎症などを起こして脳・神経細胞を損傷する。

Aβ42になります。Aβ42はいくつも凝集する性質がありオリゴマーを形成し、さらに凝集し老人斑と呼ばれる脳・神経細胞を損傷する物質になります。これらAβ42オリゴマーや老人斑は細胞内の微量の鉄や銅と複合体を作って活性酸素（ROS）を産生します。こうして生じたROSが脳・神経細胞を破壊してアルツハイマー病を起こすと考えられています[21-23]。

もう一つのメカニズムは神経原線維が綿クズのようになる神経原線維

変化により神経細胞が崩壊するというものです。

　上に述べたようにして生じた ROS が刺激情報となってリン酸化酵素の GSK-3β（Glycogen Synthase Kinase-3β）を活性化します。この酵素は、神経細胞の微小管を構成しているタウタンパク質を高度にリン酸化し、これによって神経細胞がズタズタに壊れてしまい、アルツハイマー病になるとされています[49]。

　なお、脳・神経細胞で ROS が生じるのは、上記のような Aβ42 の生成による他に、脳内に存在するマクロファージの兄弟のようなミクログリア細胞やアストロサイト細胞が DEP や PM2.5 を貪食・分解しようとして ROS を産生することも知られています。さらに、これらの細胞はサイトカイン類をも産生し神経性炎症も引き起こします[50]。

　このように、脳・神経細胞が DEP や PM2.5 の存在下で様々な仕組みで ROS を産生し、それが脳・神経細胞を破壊し、その結果アルツハイマー様の病態が生じると考えられています。

　このように、脳・神経細胞が DEP や PM2.5 の存在下で様々な仕組みで ROS やサイトカインなどを産生し、それらが神経細胞を破壊し、その結果、脳の学習行動や記憶機能などの低下[51-53]あるいはアルツハイマー病様の病態が起こる[25, 26]ものと考えられています。

　以上、DEP や PM2.5 が脳・神経機能に影響を及ぼすことを簡単に紹介しましたが、研究論文は、まだまだ読み切れないほどあります。今後も研究成果を注意深く見守る必要があると思います。

第5章 ディーゼル排ガスによる気管支喘息発症の証明とその因果関係論争 〜我ら、かく闘えり〜

1. 公害激化時代と公害健康被害補償法（公健法）の成立

公害健康被害補償法の成立とその後の大気汚染の状況

　戦後日本では、1960年に新日米安全保障条約が強行改定された後、池田隼人内閣が誕生し所得倍増計画を打ち上げ産業の発展に邁進してきました。その結果、国民総生産は飛躍的に増加し、生活レベルも向上しました。しかし、その急速な工業化により社会には大きなヒズミが生じ、様々な公害問題が発生し、1960-70年代はまさに公害の時代でした。今日の中国を彷彿とさせる時代だったのです。

　この時代には、四日市の大気汚染による四日市喘息の他に、カドミウム汚染によるイタイイタイ病、熊本県のメチル水銀による水俣病、新潟県の水俣病など、裁判が次々に提起されました。これら裁判では、最終的には住民側の勝利判決が続き、企業側は大きな社会的批判に晒されました。そのため、企業イメージの悪化を恐れ、汚染防止と健康被害の補償法を制定することに前向きな姿勢を示さざるを得なくなったのです。その結果、1972年には大気汚染防止法と水質汚濁防止法が制定され、続いて1973年には公害による健康被害者を救済する「公害健康被害補償法（公健法）」が作られ、翌年に施行されました。

　上記の裁判や汚染防止法の成立で二酸化硫黄（SO_2）の汚染対策が飛躍的に進み、急速に汚染レベルは低下し、1973年時点では環境基準値をクリアし、1980年代には環境基準値の1/4にまで低下しました。し

かし、その後も、工場などからの浮遊粒子状物質（SPM）や二酸化窒素（NO_2）などの汚染により大気汚染は続き、喘息患者も増え続けました。1975年には千葉・川鉄公害訴訟、1978年西淀川公害訴訟、1982年川崎公害訴訟、1983年倉敷水島公害訴訟、1988年尼崎公害訴訟、1989年には名古屋南部公害訴訟および1996年には東京公害訴訟と、次から次へと大気汚染公害の被害者が健康被害の補償と汚染の差し止めを求める裁判を起こしました。

　これら大気汚染は、時代の進行につれて工場などの固定発生源から自動車などの移動発生源由来のNO_2やSPM（主にディーゼル排ガスのDEPなど）に代わって行きました。その様子は、総自動車保有台数が1960年から2000年まで直線的に増加していたことからも分かります（**14頁、図1-3参照**）。

　公害健康被害補償法（大気系）の補償費用は、SO_2の排出量に応じて固定発生源企業と自動車重量税から8：2の割合で徴収することになっています。費用を負担する企業は、当初は補償に前向きでしたが、補償すべき患者が年々増え、支払う費用もどんどん増えてゆき、強い不満を抱くようになっていきました。

　自動車が増えはじめた1970年代に入ると、**図5-1**に示したように、SO_2汚染は著しく改善しました。それにもかかわらず、喘息患者は増え続け、その費用負担も増え続けました。そうした状況で企業側の不満が噴出したのは当然です。

　一方、汚染物質は時代によって著しく変わっています。汚染の実態に即した費用負担策が取られるべきで、国の立法機関や環境省をはじめとする行政機関の怠慢といわなければなりません。

　立法および行政機関の不作為が続く中でも、1980年代にはSO_2汚染は飛躍的に改善しました。そのため、大企業や財界は、「大気汚染は改善された。それなのに喘息患者が増え続けるのはおかしい。大気汚染と喘息は関係ない」と主張するようになったのです。

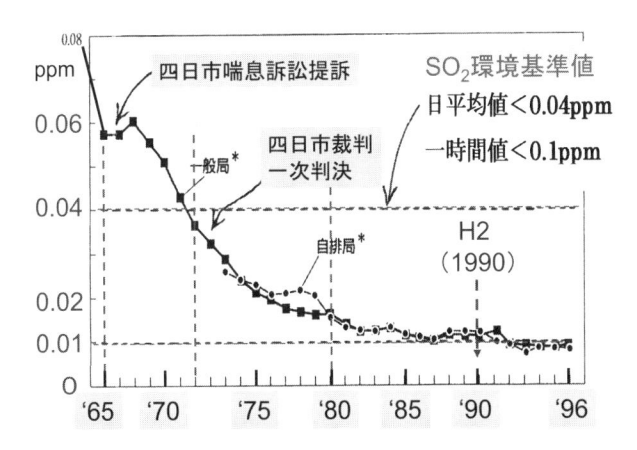

第5章　ディーゼル排ガスによる気管支喘息発症の証明とその因果関係論争 〜我ら、かく闘えり〜

図5-1．環境大気中二酸化硫黄（SO_2）濃度の年次変化と環境基準値

1960年代SO_2は0.12ppm以上の高濃度であったが、四日市喘息公害裁判等を通じ70年代には急速な改善が見られた。しかし、その後この改善のみを根拠に「公害は終わった」とのキャンペーンが張られ環境対策は大幅に後退し被害を拡大した。

確かに、上の図に示したように、SO_2汚染は飛躍的に改善しました。これは、SO_2を除去する脱硫装置が比較的安く、除去効率もよかったことによります。これに対し、工場や自動車から出るNO_2の除去技術は難しく、沿道汚染の改善は見られませんでした。特に、ディーゼル車の排気ガス対策は放置され、吐き出す黒煙（スス、DEP）の除去対策は東京都が取り組む1990年代後半まで放置されていました。

時代が変われば汚染物質も変わる

14頁の図1-3に示したように、1960年以降は自動車の増加に連れて、NO_2の汚染は徐々に増えていました。特に、大都市部では自動車、とりわけディーゼル車の飛躍的な増加が影響し、NO_2に加えてSPMあるいはDEP、PM2.5汚染が増加していました。

バスとトラックは排気量が多い上に、そのほとんどはディーゼル車で、その台数は1992年頃まで増加し全自動車台数に占める割合は20％に至りました。

1987年から1988年の東京都環境研究所の調査によると、都内では20%のディーゼル車が全SPMの40%以上を占め、SO_2やNO_2に由来する二次生成微粒子も含めると全体の55%に達していました。次に多かったのは土壌由来の粗大粒子（PM10-2.5）で23%を占め、次は由来不明の粒子が12%とのことです。残りは、火力発電所、廃棄物処理場、鉄鋼工業、ビルなどでの重油燃焼および海塩などに由来する粗大粒子で各々2～3%程度でした。

これを見ると、ディーゼル車由来の粒子がいかに大きな比重を占めているかが分かります。その結果、大都市部では気管支喘息の患者が増加したものと考えられます。

それにもかかわらず、1980年代の因果関係論争では、企業側はSO_2の飛躍的減少のみをとらえて、「大気汚染は改善された。患者が増え続けるのはおかしい。大気汚染と気管支喘息は関係ない。だから、公健法も改定すべきだ」という意見がゴウゴウと沸き起こったのです。補償費用の負担が重荷になった大企業・財界が一大キャンペーンを繰り広げました。この頃は、大気汚染に限らず他の公害問題も、ひと頃のひどさに比べればかなり改善していました。そのことも踏まえて、財界や大企業は「公害は終わった」との一大キャンペーンを強化したのです。

なお、公健法が施行された1974年頃は認定患者は1万5千人くらいで補償費用は半年分で40億円くらいだったのですが、1985年には認定患者は9万6千人を越え費用も1,000億円にも達する状況でした。

企業、財界のキャンペーンの結果、それまでの公害旋風に逆風が吹き、公害問題や環境問題全体の対策がどんどん後退しました。国や地方自治体の公害・環境部門は予算も人員も削減され、「公害・環境の冬の時代」に入ったのです。

公害健康被害補償法が目の敵にされて

このような状況のもと、公健法が目の敵にされ、環境庁（当時）は財

界の主張に押され、1985年に公健法の見直しを中央公害対策審議会（中公審）に諮問しました。公健法の健康被害補償は、「汚染地域に一定期間以上居住していた人」を対象にしていました。指定された地域以外のぜんそく患者は補償の対象にはなりません。

　その地域指定を解除すべきかどうかが審議の中心で、実際の審議は中公審の環境保健部会で行われていました。その委員会には、国立公衆衛生院長の鈴木武夫先生や四日市喘息解決の立役者になった三重大学医学部教授の吉田克己先生など尊敬すべき幾人かの学者もいましたが、多くは自動車業界や鉄鋼業界などの財界人で、学者も行政べったりの人が多い構成でした。さらに問題は、この審議会にはもう一方の当事者である患者の代表が一人も入っていないことです。例えば、ドイツやフランスの原発に関する委員会には多くの住民代表が加わり住民を重視する運営がされています。日本は異常です。委員の顔ぶれを見ると、環境庁の意図がはっきり読み取れます。

　政府の委員会の委員の選考は行政が意のままに行いますから、審議の結論は始めから見えています。少数の良心的な学者が、患者救済を主張してもその意見はかき消されます。その結果、見直し諮問の2年後の1987年に公健法は改悪され、地域指定をなくしてしまいました。その結果、新たに発症した公害患者の認定は打ち切られました。環境庁は、公害は終わったとする財界や加害企業に屈したのです。しかし現実には、この後も喘息患者はこれまで以上に急速に増え続けて行ったのです。

喘息患者の増加とディーゼル車の増加に目をつむる人々

　この時期の気管支喘息患者はどのくらい増えたのでしょう。図5-2に、文部科学省の学校保健統計から作成した児童・生徒の気管支喘息り患率を示しました。1982年の幼稚園児と小学生の喘息り患率は、それぞれ0.36%と0.5%程度でしたが、8年後の1990年の罹患率は各々約2

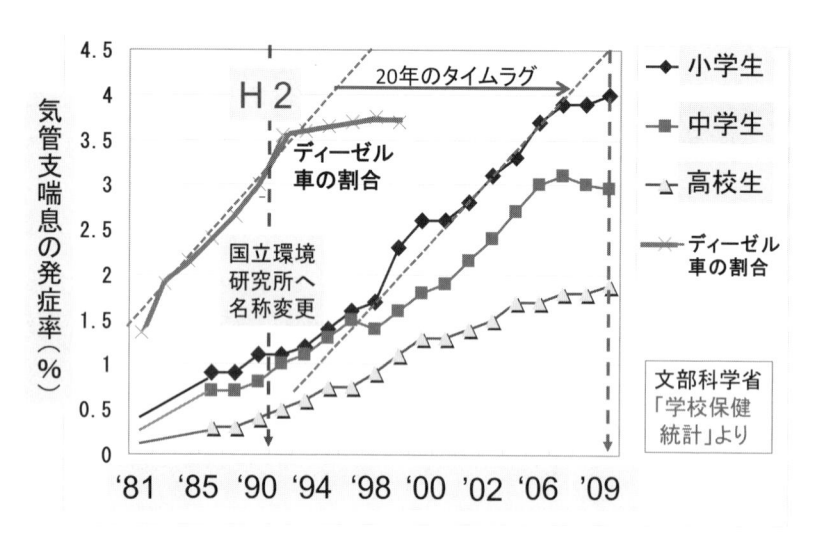

図 5-2. 国内の児童・生徒の気管支喘息の発症率とディーゼル車増加率の年次推移

　1970年代後半からトラック、バスが急速にディーゼル車に変わり DEP 汚染が広がった。しかし、SO_2 汚染の改善だけを根拠に公害対策が著しく後退し、その後、児童・生徒の気管支喘息は急速に増加した。特に、ディーゼル車の増加が止まった1995年ころから喘息患者が急増しているのが特徴的。これは、現在の大気汚染だけでなく家屋等に蓄積した汚染物質も発症に関係していることを示唆する。

倍に増えました。その後も10年ごとにほぼ倍々と増え続け、2010年には28年前（1982年）に比べるとそれぞれ7.6倍と8.4倍にもなり、それまでの最高のり患率になっています。

　一方、中学生と高校生のり患率は小学生ほど高くはありませんが、1982年の罹患率がそれぞれ0.5%と0.27%であったのが、2010年にはそれぞれ6.0倍と7.7倍に増えています（図5-2参照）。

　これに対し、バスとトラックに占めるディーゼル車の増加割合を図中に示しました。単位は千台で、値は実数の2000分の1の値に変換しています。データは1982年の台数から示していますが、この頃から1992年（H4）まで急速に増加しています。このディーゼル車の1982年から1992年までの増加の傾斜線を引いて、それを約20年右へ平行移動させると小学生の喘息発症率の急増の線と重なります。

学校保健統計が経年比較に耐えられるデータかどうかについては異論があるかもしれませんが、これは、DEPの汚染が増加し始めてから児童の喘息発症率が急速に増え始めるまで約20年間の時間的ズレがあることを直感させます。このことは、DEPやPM2.5などの汚染物質は、直接吸い込むだけでなく家屋内や周囲の環境に蓄積し、その濃度と大気中の濃度が一定以上になってから疾患が発症し始めるのではないかと私は想像しています。別のいい方をすれば、いったん蓄積された汚染は長期に渡って健康を害し続け、大気中の汚染レベルが低下し始めても、すぐにり患率が低下するとは限らないことを示唆していると思います。

環境庁は、取りうる限りの対策を推進してきた？

大気中のSPMには粗大粒子（PM10-2.5）と微小粒子（PM2.5）および超微小粒子の3種類が含まれていることは、先に述べました。

粗大粒子は昔からカラッ風に乗って浮遊している土壌由来の粒子が主で、毒性はほとんどありません。一方、微小粒子（PM2.5、DEP）は発がん物質として有名な多環芳香族炭化水素（PAHs）やダイオキシン、PCBなどを含んでおり、毒性が極めて強い粒子です。図5-2に示したように、ディーゼル車が増加すれば、都市部ではNO_2やDEPあるいはPM2.5などの汚染の増加は容易に想像できます。しかし、環境庁はDEPやPM2.5汚染の実態調査は全く行っていませんでした。

これに関して、2000年1月の尼崎大気汚染公害裁判での国側敗訴の判決を受けて、環境庁長官・清水嘉世子氏（当時）は、「環境庁としては、従来から**取りうる限りの大気汚染対策を推進してきた**。今後とも関係省庁との連携を図りつつ大気汚染防止対策をより一層推進します」という談話を発表しました。しかし、その談話の10ヶ月後に出た名古屋南部大気汚染裁判の判決では、「国はこれまで10年以上の間、大気汚染を抑制する対策や被害発生を防ぐ格別の対策を採っておらず、**対策の前提となる汚染物質の濃度の測定や健康被害の実態調査すら行っていな**

かった」、と国の不作為を厳しく批判し、環境庁長官の談話を真っ向から否定する判決をいい渡したのです。環境庁は何を持って「取りうる限りの大気汚染対策を推進してきた」というのでしょう。この裁判では、私もその法廷で DEP が気管支喘息を起こすという研究成果を証言しましたので、判決文の強い調子に非常に驚いたことを記憶しています。

それにもかかわらず、汚染が減ったと主張する人々は SO_2 の減少だけを見て、DEP の増加には目をつむっていたのです。

こうした事実から目をそむけ、「大気汚染は改善された。喘息患者が増え続けるのはおかしい。大気汚染と喘息は関係ない」と主張する人々は、まさに事実を事実として直視しようとしない人々と言わざるを得ません。

こうした主張は、規制される側の人がするのなら理解できます。多大な補償費用の負担を強いられるのですから。しかし、こうした主張は、規制する側の環境庁や大気汚染研究者の間にもありました。特に驚いたのは、裁判で訴えられた国（担当は道路管理の責任がある建設省や運輸省（当時））の依頼をうけて裁判の法廷に立ち、そうした主張を繰り返した学者達がいたことです。学会では、大気汚染は健康に悪いと言う研究成果を発表していたのに、です。なぜ、法廷では被害者の利益を踏みにじる主張をするのでしょう。そうした発言や証言がどれほど被害者を苦しめ、裁判を遅らせたことでしょう。

1980 年代の大気汚染と気管支喘息の因果関係論争

気管支喘息で起こるアレルギー反応は、カビやダニなどの異物から生体を防御しようとする反応です。アレルギー反応はその生体防御反応が過剰に起こる病気です。この異物排除に働くのが免疫グロブリン E (IgE) と呼ばれる抗体です。しかし、IgE は異物を排除するための兵器であると共に、アレルギーを引き起こす化学兵器（化学伝達物質）をも多量に生成させます。その化学兵器は気管支を激しく収縮させ、痰を

作って気道を塞ぎ呼吸困難を引き起こします。すなわち、IgE という抗体量が多いと気管支喘息が強くなると考えられていました。

しかし、四日市喘息の患者さんの場合も大都市部の気管支喘息の患者さんでも IgE 値は決して高くなく、正常者とほとんど違わなかったのです。この事実は、「だから大気汚染と気管支喘息は関係ない」という人々を勇気付けました。

そうした意見に対し、良心的な先輩研究者たちは、「いや、IgE が関与しない別のメカニズムがあるのかもしれない」と裁判の中でも主張していました。しかし、「では、その別のメカニズムとは何か」と追及されると答えることはできなかったのです。

二酸化窒素（NO_2）と気管支喘息発症率には高い相関がある

上記のような2つの論争が争われている中でも、NO_2 と気管支喘息のり患率との間には高い相関が認められていました。例えば、環境庁の1987年の疫学調査によると、8つの小学校の児童生徒の気管支喘息り患率と各学校区の NO_2 汚染レベルとの間には統計的に有意な相関が得られています。こうした相関は他の疫学調査でも報告されていました。そのため、人を対象とした疫学調査に加えて、ネズミを使った実験研究でも NO_2 が気管支喘息を発症することが実証できれば、NO_2 と気管支喘息の因果関係が証明されたことになります。

そうした中、私が所属していた国立公害研究所（当時）でも15人以上の研究者でネズミに NO_2 を長期間吸わせて気管支喘息の症状が起こるかどうかの動物実験を繰り返していました。しかし10年以上も実験しましたが、全く喘息の症状を認めることは出来ませんでした。1970年代中頃〜80年代後半のことです。

疫学調査と実験研究の両方が揃って始めて NO_2 と気管支喘息の因果関係があるといえるのです。しかし、実験研究の方はいくらやってもダメでした。このことで悩んでいた1980年代後半に「ディーゼル車が顕

著に増加している」という上記のデータと「SPM は圧倒的にディーゼル車から排出されている」という 92 頁の出だし部分に紹介した東京都環境研究所のデータを知りました。

2. ディーゼル排ガス微粒子（DEP）と気管支喘息の発症に関する研究のスタート

二酸化窒素と表裏一体の SPM が真犯人ではないか

　ディーゼル車は、一目見て分かるように、排気筒から真黒いススをモクモクとまきちらし、いかにも健康に悪そうです。前記のディーゼル車数の急増と都内の SPM の圧倒的部分がディーゼル車によることに加えて、新たな重要な調査結果を知りました。研究所同僚の田村憲治博士らが東京都内 80 ヶ所で大気中の NO_2 と SPM を同時に測り、両者の間に極めて高い相関があることを教えてくれたのです。

　私はその図を見た時、直感的に「NO_2 が気管支喘息の真犯人ではなく、それと表裏一体の関係にある SPM、とりわけその中の圧倒的部分を占めている DEP が真犯人ではないか」と感じました。

　NO_2 は喘息を起こさないけれど、NO_2 と SPM の間には高い相関性がある。ならば、SPM と喘息の間に相関があると考えても良いのではないかと思ったのです。これが、本当かどうかを証明できれば、大気汚染と気管支喘息の間の因果関係論争に決着を付けることが出来ると思ったのです。その証明には、ネズミに長期間ディーゼル排ガス（DE）を吸わせる実験をしなければなりません。

　私は、そのための実験装置を作りたいとかねてから思っており、その装置を持っている結核研究所や自動車研究所を見学し、資料を集めて準備をしていました。それが何時可能になるかは全く分からないけれど、準備だけはしておこうと考えていたのです。

ディーゼル排ガスをネズミに吸わせる実験をしたい

　そうしているうちに、1988 年から研究所の機構改革と名称変更の話が出てきました。これまでの国立**公害**研究所から、公害問題だけでなく地球規模の環境問題やリスク評価の研究も行うために国立**環境**研究所と名前を変えるというものです。

PM2.5、危惧される健康への影響

　組織も大々的に変わり、1988年の年末頃、私は大気影響評価研究チームの総合研究官になることが内定しました。総合研究官は、かなりの研究費を自分の裁量で自由に使えるポストです。与えられた研究費を研究所内外の協力者に配分して研究に協力を得ることが出来ます。

　さらに、この機構改革が最終段階に入った年度末に、予算の留保分が解除され、使えるお金が5000万円+α出るという情報を得たのです。まさに、その時が来たのです。私はすぐに研究所の首脳に、ネズミにディーゼル排ガスを吸わせて気管支喘息が起こるかどうかを証明する実験をしたいので7000万円下さい、とお願いに行きました。まず、事務方トップの主任研究企画官の所へ行きました。彼は環境庁から出向していた事務官です。驚いたことに、「自分もNO_2が喘息の原因とは思えず、SPMの研究が必要だと思っていた」というのです。

　それで、副所長の了解を取るように言われました。副所長がOKしたら予算は必ず付けると言ってくれたのです。彼の見識と決断力に感服しました。それから20数年たって考えても、歴代の事務方トップの中で、彼はダントツ有能な事務官だったと思います。その後の研究所の機構改革も彼の在任中に完成を見ました。その時、私は労働組合の委員長をしており、研究所内職員の待遇改善と機構改革への所員の希望の反映と意思統一に忙殺されていました。「働く者の意思がきちんと統一されていない組織はうまく機能しない」という考えを持っていたからです。

　そこで、次に副所長の小泉明先生の所に勇んでお願いに行きました。しかし、なかなか良い返事をくれません。彼は、つくば市内にある自動車研究所のディーゼル排ガスの健康影響に関するプロジェクトの顧問をしていました。

　自動車研究所とは、自動車業界と通産省（当時）が出資し、つくば市内に設立した大規模な研究所です。ディーゼル排ガスの健康影響を調べるための実験装置もあり、その装置だけでも20億円もの大金をかけて作ったものです。副所長は、あちらの研究所でもなかなか成果が出てい

ないことを良く知っていたのです。そのため、7000万円くらいの予算で設備を作っても成果が出るとは思えない、と繰り返しいわれました。私は、色々と安く作れる案をひねり出し、また、それまでの世界中の研究論文のレビューをして、原因物質はDEP以外には考えられないことを繰り返し訴えました。彼は、さらに、君の常勤スタッフ4人だけでは少なすぎるともいいました。そこで、研究所内外の多くの人が協力を申し出てくれていることなどを懸命に訴えました。4〜5回目に押しかけた時に、私のしつこさにホトホトあきれてか、「君がそんなに熱心にやりたいということなら、やってみなさい」といってくれたのです。数年後、彼は「真剣にぶつかってくる人にはやらせてみる」というのが私のポリシーでした、といっておられました。

しかし実をいうと、小泉先生の転出後、実験設備の完成にはさらに3000万円の費用が必要となったのです。それで、2回に渡って研究費追加のお願いをしなければ成らなくなり、合計1億円かかってしまったのです。そのため、さらに2度ほど所内の研究推進委員会に呼びつけられ、大変なお叱りを受けました。

前回はあと2,000万円あればできるといったのに、さらに1,000万円も欲しいとはどういことかと叱られたのです。さすがに2回目には、私も面目なく涙がにじんでしまいました。最終的に、「始めた工事を途中で止めるわけにはいかない」という国の公共事業と同じ理屈で認められたのです。1990年の中頃でした。しかし、その後に死ぬほどの苦労が待っているとは、この時は夢にも思いませんでした。毒性生化学が専門の私が、機械工学屋に成りきらなければならなかったからです。

ディーゼル排ガス実験装置の作成は苦労の連続

その苦労の原因は、エンジン系、エンジン冷却系、空気調節系、電気制御系などが別々の業者の連合体で作られた所にあります。個々の部分の性能は非常に良いのですが、全体の調和がなかなか上手くいかないの

です。エンジン系が上手く動くと、電気系がショートしてしまう。電気系が上手く行くと空調系が過熱しすぎる。空調系が上手く行くとまたエンジンが止まるなどとトラブルの連続でした。そのため、装置の回路を様々に変え、部品を選び直すなどの改良に次ぐ改良に迫られ、装置ができてから半年ほどを費やしていました。

　ようやく装置が何とか動くようになり、ディーゼル排気微粒子（DEP）を集めることが出来るようになったのが1991年に入ってからです。しかし、装置が上手く動くようになったのもつかの間で、この装置が強力な低周波を出し、直近の建物内の2億円で買った測定装置を防害しているというクレームが来たのです。これは、最終的に、エンジンの回転数と希釈トンネルへの空気の送り込み量の比率を変えることで解決できました。

　それで喜んでエンジンを運転していたら、今度は、エンジンから出た余分な排気を捨てていた配気塔からの排ガスが動物飼育棟の周囲にたなびいて、他の研究者のネズミの部屋に入り込むという大変な事態が判明したのです。予算の関係で排気塔の高さをケチったためのトラブルでした。そのため、排気塔の高さを延長する工事が必要になり、その対策にあと1,000万円が必要になったのです。

　しかし、これらはお金をかけることで解決できましたが、肝心なDEPの濃度を制御することはその後も全く出来ませんでした。DEPの濃度制御は3つの因子を調節するシステムでした。3つの因子とはガスを送るバルブを開閉する時間、バルブを開く間隔、拡散速度のことです。部品メーカーの説明書には各機器の100目盛りのうち50目盛り前後で一番制御効率が良いと書いてありました。それで、その近辺の値を様々に組み合わせて制御を試みましたが一向に上手く行きません。

不都合なデータを見せられて

　その頃、神奈川県の医師会の勉強会に呼ばれ、大気汚染物質の健康影

第5章　ディーゼル排ガスによる気管支喘息発症の証明とその因果関係論争 〜我ら、かく闘えり〜

響の話をさせていただきました。気管支喘息の原因物質は NO_2 ではなく、SPM の中の DEP であろうと考えており、その実験を始めました、という話をしました。その時、環境問題担当理事の先生が、神奈川県の医師会で行った県内の疫学調査の結果（図 5-3）を見せてくれ、SPM は原因ではないのではないかというのです。

　確かに、その調査結果は、NO_2 に関しては、気管支喘息の患者数が田園部で少なく、大都市部では高く、両者の相関関係は極めて高いのです。すなわち、NO_2 濃度が田園地区より 3 倍も 4 倍も高いところでは喘息患者数も 3 倍も 4 倍も高く、相関係数も 0.921 と高いのです。相関係数が 0.921 とは学校の試験で言えば 92.1 点に相当する値です。ところが、SPM の汚染レベルは高いところと低い所で 1.5 倍くらいしか違わず、SPM 濃度と喘息り患率との間の相関係数は 0.402 と非常に低く、統計的にも意味のある関連性はないというデータでした。

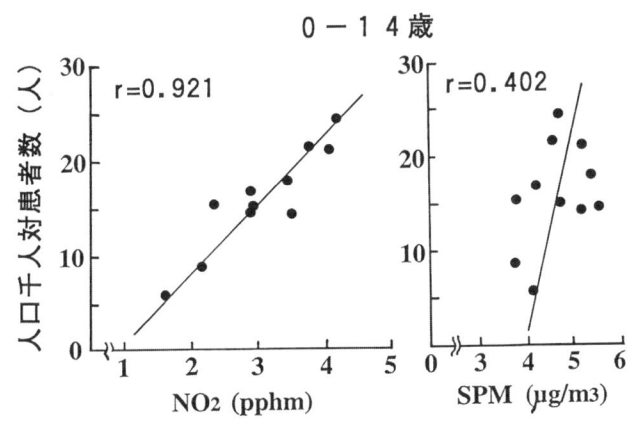

0－1 4 歳

図 5-3. 神奈川県医師会による NO_2 あるいは SPM 汚染と気管支喘息患者数との相関に関する調査結果

　NO_2 汚染と気管支喘息患者数との間には高い相関（r=0.921）が認められるが、SPM との相関（r=0.402）は非常に弱い。SPM は毒性の弱い粗大粒子と毒性の強い微小粒子（DEP, PM2.5）を一緒にした値なので、患者の多い都市部も患者が少ない田園部でもその濃度があまり違わないため、このような結果になったと考えられる。微小粒子と喘息の相関を取れば強い関連が得られると考えた。

DEPの濃度制御が上手くゆかず、精神的に落ち込んでいる矢先に、困ったデータが出てきたのです。もしも、このデータが正しければSPMあるいはDEPは喘息の発症に関係ないことになります。またしても、かなり精神状態が混乱しました。

　その後も悩みながら、改めて様々なデータを調べているうちに、あることに気が付いたのです。先に紹介したように、大気中のSPMには毒性があまり無い粗大粒子（PM10-2.5）と毒性が強い微小粒子（PM2.5）および超微小粒子の3種類があります。都会のSPMは自動車が多いのでDEPの比率が高く、田園地区は自動車が少なく土ほこりが多いのではないか。だから、両者を合わせて測定しているSPMは都会も田舎もあまり違わないのではないか。こう考えれば、DEPが喘息の原因物質である可能性にこれまで以上に自信を持てるようになったのです。「災い転じて福となす」でした。

　この時、神奈川県医師会のデータを疑い、事実を事実として直視しなかったなら、その後の研究を進める上での自信と意欲に相当の違いが出たのではないかと思います。人は、自分に不都合なことは認めたくないものです。しかし、事実を事実として認めた上で、矛盾点を詳しく検討することは、研究の場合でも行政官が環境対策を考える上でも極めて大切なことと思います。

神様はいるのかもしれない

　しかし、依然としてディーゼル排ガスの濃度制御が上手くいかない状態が1年以上も続きました。1億円もの費用をかけて実験装置が使い物にならなければ、責任問題になるという脅迫観念に苦しみました。ほぼ毎日、真夜中にガバッと目がさめ、朝まで眠れない日が続いたのです。私はノイローゼになりかけていました。

　こんなことで精神に異常をきたし、研究者として脱落してしまうのかと思うと、悔しくて悔しくて仕方が有りませんでした。しかし、1億円

第5章　ディーゼル排ガスによる気管支喘息発症の証明とその因果関係論争 〜我ら、かく闘えり〜

の予算をもらった手前、研究所内で弱音を吐くわけには行きません。この世に、神様はいないのかと恨めしく思ったものです。

　私は心身共に限界に達し、人にも言えず悩み苦しみ、濃度制御を諦めかけていました。しかし、諦めるに諦めきれないで苦しんでいた時、「ああー、もういやだ‼。1億円くらいの金を無駄にしたって、私がそんなに責任を感じる必要はサラサラ無い。ここで尻をまくろう」と開き直りました。数億円もの機器を買って、たいした成果も出てない人はその辺にウヨウヨいるではないか、と思うことにしたのです。また当時は、外務省の汚職事件が発覚し、役人が国際会議の費用をごまかして愛人を囲ったり、競馬馬を買ったりしていたことが明るみに出た時でした。

　それで、開き直ったのです。そうすると少し気が楽になり、また濃度制御の検討を再開できました。しかし、何回やっても上手く行きません。いよいよ、あきらめて最後に、3つの因子を調節するレバーを手で叩きつけて帰ってしまいました。翌朝、機械技術者の杉田さんから、「嵯峨井先生大変です、すぐ制御室に来てください」と電話がきました。まずい‼、装置を壊してしまったのかと思い、イヤイヤ制御室に行くと、DEPの濃度制御が完璧に出来ているではありませんか。図5-4がその時の濃度制御の記録です。

　濃度記録の線は右から左に記録されています。夜10時に独りでエンジンが動き出し、夜中じゅう動いて朝10時に独りで止まるように設定しています。3つのレバーの目盛は5か6の所に落ちているのです。それで、完璧に制御できているのです。部品の説明とは大違いです。その原因は後で分かりました。いずれにしろ、これでめでたくDEPの濃度制御ができるようになりました。神様はいたのです。1992年秋のことでした。

気管支喘息の基本病態

　ここで、気管支喘息とその基本病態の説明をしておきましょう。気管

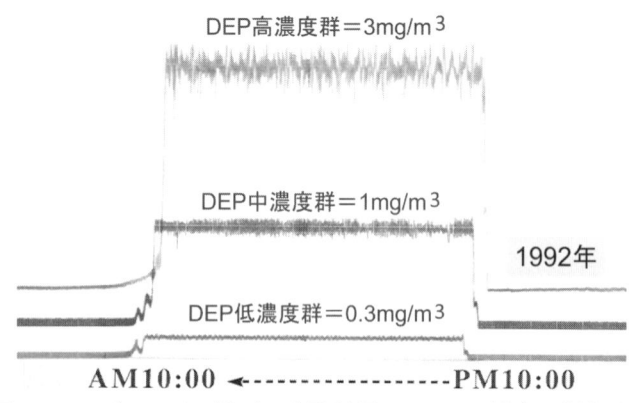

図 5-4. ディーゼル排ガス実験装置での DEP 濃度の制御状態

DEP の測定値は右から左へ記録されている。夜 10 時にエンジンが一人で動き始め、朝 10 時に一人で止まるように設定。DEP 吸入実験は 4 濃度で行い、①対照群（記録省略）、②低濃度群（0.3mg／㎥）、③中濃度群（1mg／㎥）、および④高濃度群（3mg／㎥）とした。

支喘息とは、気管支が突然激しく収縮（レン縮という）して呼吸困難になる病気です。

気管支喘息では、気管支の周囲を取り巻いている筋肉（平滑筋）が急にレン縮し、さらに気管支の中に痰が多量に分泌されて空気の出入りが障害されます。特に、空気を吐き出すのが困難なのが特徴です。気管支がレン縮しやすくなることを気道が過敏になるといいます。それは、気管支の表面に規則正しく生えている気道上皮細胞が損傷し、その底面に分布している神経がむき出しになって過敏に反応し、平滑筋が急にレン縮してしまうことです。

なお、1992 年までは、気管支喘息の治療とは、急にレン縮した気管支を緩める（弛緩させる）クスリを投与するか、痰を除くクスリ（去痰薬）を投与することでした。しかし、1993 年になって、喘息の定義が一変しました。「喘息とは気道の慢性的な炎症であり、気道レン縮や痰の大量放出は慢性炎症によって起こるものである。だから、炎症をおさえれば、それらの症状は治る。」というように変わったのです。

第5章　ディーゼル排ガスによる気管支喘息発症の証明とその因果関係論争 ～我ら、かく闘えり～

表 5-1．気管支喘息の基本病態（1993 年改定）
1. 好酸球による気道の慢性炎症
2. 粘液（痰）の過剰合成と気道への分泌、
3. 気道が過敏に反応し、レン縮しやすいこと、

　気道で慢性の炎症を起こす細胞は白血球 3 兄弟の中の好酸球です。白血球の 3 兄弟とは、酸性の色素に染まる好酸球、中性の色素に染まる好中球、および塩基性の色素に染まる好塩基球です。慢性の炎症は好酸球で起こり、急性の炎症は好中球で起こります。気管支喘息の基本病態をまとめると、表 5-1 のようになります。

　さて 1993 年に上記のように定義に変わったため、喘息を治療する有効な薬は炎症を防ぐ薬です。それがステロイドホルモン剤です。これまでも、喘息の治療にステロイドホルモン剤が内服薬として使われていましたが、内服ステロイド剤は副作用が強いことから最後の手段として使う薬でした。しかし幸いなことに、1993 年頃に安全で効果も優れた吸入ステロイドホルモン剤が開発され、飛躍的な治療効果が期待できるようになったのです。

DEP を気管内に注入する気管支喘息の予備実験

　ところで上記のように、ディーゼル排ガス（DE）をネズミに吸わせる実験のための濃度制御に苦しんでいた間、何も実験をしなかったわけではありません。気管支喘息の実験は、ディーゼルエンジンが動くようになってから、実験装置の希釈トンネルに溜まったスス（DEP）を取ってきて、ネズミの気管内に注入する予備実験を研究室の若い人たちに進めてもらっていました。

　この実験を担ってくれたのは、市瀬孝道博士（現大分県立看護科学大学教授・理事）、熊谷嘉人博士（現筑波大学社会医学系教授）、高野裕久博士（現京都大学工学部教授）、宮原裕一博士（現信州大学山岳科学研究所教授）、ポストドクトルの HB Lim 博士（韓国）、Y Bai 博士（中国）

たちと多くの大学院生、学生さんたちでした。

さて、96頁の気管支喘息の因果関係論争の項で説明したように、気管支喘息とは血液中にIgE抗体が増えることで起こる気管支の病気です。そのため、私達はマウス（二十日ネズミ）に、①アレルゲンを溶かした溶液だけを投与した群、②アレルゲン（OA、卵の白身のタンパク質）だけの群、③DEPだけの群、および④DEPとアレルゲンを併用して気管内に注入した（DEP+OA）群の4群に分けて実験し、IgE抗体が増えるかどうかを調べました。

予想としては、②のOA投与群で少し増え、④のDEP+OA群で飛躍的に増えることを期待していました。OAやDEPの投与量や投与回数、投与期間を色々と変えて試行錯誤を繰り返したのですが、どうやってもIgE値は全ての群で検出限界以下でした。実験のもくろみは完全に失敗しました。DEPの濃度制御が上手く出来るようになる少し前の頃でしたので、いよいよ責任を取らなければならない時が来たかと観念し、夜も寝られない激しいノイローゼになりました。

しかし、国民の税金を使って莫大な費用をかけた実験です。最低限度のデータだけは残して置かなければと悲壮な思いで、市瀬主任研究員（当時）に、最後の実験のネズミの肺の病理標本を作って置いてくれるように頼みました。それで出てきた肺の病理標本をみて、またまたびっくりです。

DEPとOAを併用して投与した④群のネズミにだけ、慢性の気道炎症を示す好酸球がウヨウヨ出ており、平滑筋は肥厚・レン縮し、痰は気道内にタップリと分泌されていたのです。喘息の基本病態がはっきり表れていたのです。アレルゲンだけのネズミやDEPだけの群では全く気道に変化はなかったのです。

このことは、IgEが増えなくても、DEPとアレルゲンが共存すれば気管支喘息様の病態が起こることを示しています。先に述べた1980年代の因果関係論争で「IgEが関係しない喘息のメカニズムがあるのでは

第5章　ディーゼル排ガスによる気管支喘息発症の証明とその因果関係論争 〜我ら、かく闘えり〜

ないか」と主張していた尊敬すべき先輩達の主張が正しいことを裏付けたのです。この驚きは何にも変えがたい大きなものでした。

IgE 以外の抗体の変動

　IgE 値は、どの群でも変わらないけれど、気管支喘息の病態は④群ではっきりと表れたのです。では、何がこの病態を引き起こしたのか？。それを調べなくてはなりません。まず、誰でも考えるのは私達の体内に最も多い IgG1 という別の抗体の変化です。この測定は国立公衆衛生院の今岡先生にお願いしました。結果は案の定、DEP＋アレルゲンを投与した④群でのみ飛躍的に増え、DEP だけの群やアレルゲンだけの群の数十倍から数千倍にもなっていたのです。しかし、どんなメカニズムで IgG1 が気管支喘息を起こすのかはまだ分かりませんでした。
　そのメカニズムが分からないで悩んでいた頃、1995 年にヒントとなる論文が発表されました。免疫反応でカギにたとえられる IgG1 抗体が好酸球の表面にある特別なカギ穴（受容体）に結合すると、気道を損傷する数種類の毒性タンパク質が分泌され、それらタンパク質が気道の慢性炎症を起こし、気道上皮細胞を損傷し、最終的に気管支周囲の平滑筋をレン縮させるという論文が、米国留学中の日本人研究者によって報告されたのです。
　しかしこの時、では好酸球はどんなメカニズムで出てきたのかが疑問として残りました。調べたところ、DEP とアレルゲンの両方を投与したネズミでだけ、好酸球を呼び寄せる強い作用を持つ IL-5 と呼ばれるサイトカインがリンパ球で多量に産生されていたのです[33, 34]。サイトカインとは細胞間の情報を伝達する作用を持つ小分子のタンパク質です。
　さらに幸運なことに、アレルギー関係の学会に参加していた時に、東大医学部物療内科の伊藤幸治教授がすばらしい講演をされていたのです。彼は、喘息の患者さんに微量のアレルゲンを吸わせると、喘息の優れた指標である1秒率（1秒間に吐き出す呼気量）が顕著に低下し、そ

の低下はIgG1値の増加と逆比例していたというのです。さらに、1秒率はIgE値とは何の相関もなかったとのことです。すなわち、顕著な気道の収縮はIgG1の値と良く相関するというのです。

早速、先生にお願いして論文をいただきました。まさしく、ヒトの実験でもIgG1が増えると気道のレン縮が顕著になったのです。

気管支喘息には、先の図4-6（74頁）でも触れたように、アレルゲンを吸ってから20分くらい後に起こる即時型（気道狭窄）反応と7～10時間くらい後に起こる遅発型（気道狭窄）反応の2種類があります。伊藤先生の実験ではそのどちらの場合にもIgG1値が増えていたというのです。さらに、岡山大学医学部の木村郁夫教授らのグループも、成人の喘息にはIgG1が深く関わっていることをいくつも報告していました。

これで、メカニズムはほぼ分かりました。DEPはIgG1抗体を沢山作ることで、ネズミだけでなく、人でも喘息を起こす可能性があることが示されたのです。このメカニズムは、先の図4-6（74頁）の中のIgEの代わりにIgG1を置き換えたものとなります。

後に、私が研究成果を川崎大気汚染公害裁判（2次）と名古屋南部公害裁判で証言した時、国の弁護士に当たる訟務検事が、「人間はDEPを吸っているのであって、貴方がやったようなDEPを懸だくした溶液を注入して肺内に取り込むことなどということは有り得ない。研究に値しない」と噛み付いてきました。言われることはもっともです。私達は喘息が起こるかどうかということとその発症のメカニズムを解明するために注入実験をしたのであって、最終的にはディーゼル排ガス（DE）を吸った時も同じことが起こるかどうかの実験をしていました。

実験研究の意義は次のようなところにあります。まず第1は、当該汚染物質（DEP）が当該疾病（気管支喘息）を引き起こすのかどうかを証明することです。第2は、当該汚染物質が当該疾病を引き起こすメカニズムを明らかにすることです。このメカニズムを解明する手段としてDEPを懸だく液として気管内に注入したのです。

第3は、その汚染物質の濃度が高くなればなるほど疾病の程度も強くなる、いわゆる量-反応関係が認められるかどうかです。量-反応データは当該物質が当該疾病を起こすリスク（危険率）を評価するうえで極めて重要になります。第4は、その発症メカニズムは人でも起こりうるものかどうかです。ネズミで起こっても、人間で起こらないメカニズムでは因果関係を証明したことにはなりません。

気道が過敏に反応し、レン縮しやすいことの証明

　これまで、マウスを使った実験で、好酸球が血管から気道の粘膜層に飛び出し（浸潤し）慢性の気道炎症が起こったことと、気管支で痰が多量に合成・分泌されているという病理学的所見を紹介してきました。しかし、第3の基本病態である「気道が過敏に反応し、レン縮しやすいこと（気道の過敏性）」の証明はまだできていませんでした。

　その頃、帝京大学医学部のO教授のところに最新のすばらしい測定装置があることを知り、早速お願いして気道の過敏性を測ってもらいに行きました。すると、期待した通りDEPとアレルゲンを併用投与した群のマウスでだけ気道の過敏性が約10倍にも高くなっていました。大喜びしたものです。

　その後、そのデータも含めて、イギリスの"ネイチャー（Nature）"という世界的に極めて権威の高い科学雑誌に投稿したいとO教授のところに相談に行きました。私は原稿をあらかた書いていました。しかし、不思議なことにO教授は論文として投稿することにどうしても同意してくれませんでした。

　普通、科学者なら「ネイチャーに論文が載る」といったら、天にも昇るほど嬉しいものです。それにも関らず、彼は頑として同意してくれません。気道の過敏性が10倍にも増えるとは考えられない。これまで、自分はこんなに強い反応が出た経験は無いというのです。自分が測定した事実を事実として認めないのです。

いくら議論してもラチがあかないので、気道過敏性の測定を教わったお礼として私たちの DEP を差し上げ、自分達は別途その装置を買ってデータを出すが、異議をはさまないということで合意して別れました。

　その測定装置は 800 万円もしたのです。経理をやり繰りし、2 年かがかりで支払うことを了解してもらい測定装置を購入し、すぐに再実験に取り掛かりました。約半年遅れて、帝京大学で得られたとほとんど同じデータを得ることが出来ました。それで、すぐにネイチャーに投稿しました。

　この雑誌は数段階の審査があります。第 1 段階は編集者による審査で、採用不可なら 2 週間以内に戻ってきます。そのステップを通過すると、世界一流の専門家 2 ～ 3 名の審査に回ります。3 ～ 5 週間で結果がでて、だめなら戻ってきます。最後に、その論文は過去にどこかに発表していないか、されていないかをコンピューターで徹底的に調査され、7 週目に最終の返事が来ます。

　私たちはなかなか返事が戻ってこないことにジリジリしながらも期待が膨らんで行きました。そして、ちょうど 7 週間後に返事が来ました。震える手で開封すると、「この研究はインパクトがあり、本誌の掲載に値するが、この論文はすでに他の所に発表されているので、掲載は出来ない」といってきたのです。あっ!!　半年前に京都で開かれたフリーラジカル国際会議に招待され発表した時の予稿集に 4 頁にわたる要旨を出していたことを思い出したのです。期待の絶頂から奈落の底に突き落とされた感じでした。

　もし、この論文が採用されていたらと考えると今でも残念でなりません。あの時、O 教授がすぐに同意してくれていたら、こんなことにはならなかっただろうと悔しくて仕方がありませんでした。その後、この論文は呼吸器の分野では最も権威があるといわれる他の雑誌[33, 34]に採用してもらうことができました。

第5章　ディーゼル排ガスによる気管支喘息発症の証明とその因果関係論争 〜我ら、かく闘えり〜

ディーゼル排ガス（DE）でも喘息は起こるのか

　DEPの気管内注入による実験の研究成果が出始めた1993年頃に、DEをネズミに吸わせる実験が出来る状態になりました。マウスを、縦横各1.5m、高さ1mのガラス製のチャンバーと呼ばれる四角のガラス箱4個に入れ、それぞれDEP濃度が違うDEを流し、マウスに1日12時間ずつ吸わせる実験を始めたのです。DEPの濃度は、空気1m³当たりに何μgのDEPが含まれるかという単位で表します。

　DEPの1日平均値で表すと①0μg/m³（対照群）、②150μg/m³（低濃度群）、③500μg/m³（中濃度群）、④1500μg/m³（高濃度群）の4群を作りました。さらに、各群のマウスはアレルゲン（OA）を吸わせる群と吸わせない群に分け、合計8群に分けました。DEP濃度は環境基準値に比べるとかなり高いのですが、動物のデータを人に外挿する時には、人と動物の種の違いを10倍見込み、さらに人間同士の感受性の違いを10倍見込み、合計100倍の安全率を見込むので、実験としてはごく順当な濃度といえます。

　この実験でも、DEを吸わせる期間やアレルゲンの量あるいは吸入期間などを色々に変えて試行錯誤が続きました。最終的には、DEを8ヶ月間、1%のアレルゲン（OA）溶液を霧状にして3週間に1回ずつ吸わせることで気管支に喘息様の病態が現れました。1回あたりにマウスが吸い込むアレルゲンの量は1μgとしました。1μg（マイクログラム）は1mgの千分の1の重さです。

　この実験[54]でも、喘息様の病態はアレルゲンとDEの両方を吸わせた群でのみ現われました。すなわち、OAだけやDEだけでは気管支喘息の病態は現れず、OAとDEが併用吸入された群でのみ気管支周辺に好酸球が顕著に浸潤し、気道に強い慢性的炎症が起こったのです。痰を含んだ杯細胞も著しく増え、別途測定した気道の過敏性の指標も顕著に増加し、気管支喘息の全ての基本病態が現れたのです。

　また、それらの変化はDE中のDEP濃度が高くなるほど強くなって

おり、量−反応関係も認められたのです。また、慢性気道炎症の指標である好酸球が血管から飛び出すのが最高のスコアーだったマウスの数はDEP濃度に比例しほぼ直線的に増えていました。そこで、この直線からSPMの環境基準値である0.1mg/㎥の濃度では何%のマウスが喘息様の症状を起こすかを外挿すると18.8%となり、人に対するSPMの環境基準値でも、18%前後のマウスは気管支喘息様の症状を起こすと推定できました。

第5章　ディーゼル排ガスによる気管支喘息発症の証明とその因果関係論争　～我ら、かく闘えり～

3. ディーゼル排ガスで喘息が起こることを支持する証拠が蓄積

　上記のように、マウスにディーゼル排ガス（DE）を長期間吸わせる実験でも、アレルゲンの共存下では気管支喘息が起こることが分かりました。NO_2 をネズミに吸わせた実験では喘息の病態は全く現れませんでしたが、DEP の注入あるいは DE の長期間吸入では現れたのです。実験研究での証明になります。

　さらに、SPM あるいは DEP が人の気管支喘息の原因物質であるとするには疫学調査でもその因果関係が証明されなければなりません。しかし、疫学調査の結果が喘息の発症を示すものであることは、すでに第 3 章の図 3-5、図 3-6 および表 3-1、表 3-2 などで詳しく紹介しました。

　このように、実験的研究でも疫学研究でも、SPM あるいは DEP が気管支喘息の原因物質であることが示されました。さらに、先に紹介したように、免疫グロブリン G1（IgG1）値が増えると気管支喘息の症状が悪化するという臨床的知見もあります。

　これに加えて、ディーゼル機関車の乗務員が、機関車に乗務すると喘息発作が起こり、乗務を降りると喘息が収まるという臨床報告もあります。このように、実験研究、疫学研究および臨床研究でも DEP で気管支喘息が発症する可能性が示されたのです。

研究報告への環境庁の不当な介入

　私は、上記の実験研究の成果を 1998 年 11 月に「国立環境研究所特別研究（1993 ～ 1997）成果報告書」にまとめました。この報告書は、環境庁の了解を得なければ公表できません。環境庁はこの報告書の内容をチェックしましたが、なかなか公表の許可をくれませんでした。実験内容そのものには、あまり異議を差し挟みませんでしたが、序文や結論部分で、「ディーゼル車が増えたことが気管支喘息増加の原因と考えられる」とする記述や「ディーゼル排ガスが気管支喘息の原因と考えられ

る」とする結論に延々と異論を挟み、最終的に100ヶ所以上の修正や削除を求めてきました。

　しかし、それらはこの報告書の根幹をなすものです。私は易々と従うことは出来ません。報告書の根幹に関ること以外にも、「ディーゼル車が増えているのに、汚染が横ばいなのは環境庁が規制を強化したからである」と明記せよ、などと言うのです。

　クレームの極め付きは、東京都内のSPMの汚染源は圧倒的にディーゼル車であるという、先に紹介した東京都環境研究所の報告を引用したことに関するものでした。環境庁が東京都の研究者に問い合わせたところ、「あの調査結果（を引用するの）は適当ではない」と言っていた。だから全文を削除せよ、と言うのです。私は、あのデータは私の研究のバックボーンになる貴重なデータであることと、研究者が自分のやった調査を「適当でない」なんて言うはずが無い、と思い拒否しました。後日、これについて新聞記者が都の研究者に問い合わせたところ、環境庁からそのような問い合わせは無かったというのです。これらについては、次頁の図5-5の新聞記事をご覧いただきたいと思います。

　彼らの意識の背景には、自分たち国の官僚が乗り出せば、予算や権限を盾に、うそでも押し通せるという傲慢な姿勢がかいま見られます。要するに、環境庁は嘘をついてでも、この報告書を世に出したくなかったのでしょう。

　その背景には、当時あちこちで起こっていた大気汚染裁判に負けられないという彼らなりの責任感があったのでしょう。国民の利益を踏みにじる歪んだ責任感といわなければなりません。原発建設反対の裁判が多発していた時にも「国が更なるシビアアクシデント対策を求めると、そんなに危険なものなら原発なんか要らないとなり、裁判に負ける」と考え、シビアアクシデント対策を電力会社にまかせきりにした国の姿勢、思考形態と全く同じです。

　話を戻しましょう。私の反論と環境庁の再要求のやり取りは1998年

第5章　ディーゼル排ガスによる気管支喘息発症の証明とその因果関係論争 〜我ら、かく闘えり〜

図5-5. 私たちの特別研究報告書に対して環境庁が修正・削除を求めてきたことを紹介した新聞記事

　国立環境研究所の特別研究として行われた私たちの研究報告書の内容を無にするような100カ所にもおよぶ修正・削除を求めたことを紹介した朝日新聞の記事。

から1999年にかけて続きました。私の理解不足や表現が不適切なところはすぐに修正しましたが、根幹に関る事は主張し続けました。しかし、中央官庁を相手に闘うストレスは並大抵のことではありません。こ

の間に、私は過大なストレスで、それまで経験したことの無い網膜内出血を2回も繰り返し、完全に失明状態になりました。もう片方の目は50歳の時に網膜の中心渦部分が剥離し、字を読めなくなっていたので、字を読める方が網膜内出血するたびに医師から約1ヶ月間の絶対安静を指示され床に伏したものです。しかし、私の苦労などは、後に紹介する高杉良氏の小説「不撓不屈」に出てくる飯塚毅氏の国税庁との戦いの苦労に比べれば万分の1にも満たないものですが、そのストレスは並大抵のものではありませんでした。

最後に、私はストレスからうつ病に罹り、一番具合がよくなかった頃には、毎日、どうしたら一番楽に死ねるかばかりを考えていました。疲れる、気力がでない、すべてがおっくうで自分は生きている価値がないと思いました。朝方には毎日上腕と胸の筋肉が同時にブルブルふるえる。不安でふさぎ込んでしまう。特に、后前中が苦しいのです。しかし、幸いに、筑波大学の精神科医と知り合いでしたので助かりました。彼が「死にたいと思った時は夜中でも構わないから、とにかく自分に電話するように」と言ってくれ、「最後は休職の診断書でも入院の手続でも何でも対策を取るから、絶対に死ぬな」と言ってもらえたことで気持ちが少し楽になりました。

こうした官僚との闘いについては、高杉良氏の小説「不撓不屈」が私の励みになりました。私が最も感銘を受けた小説の一つです。

栃木県の税理士・飯塚毅（たけし）氏が商店主などの顧客に**節税**指導をしていたことを、国税庁が**脱税**指導をしたとして大々的に不当捜索を7年間にわたって繰り広げた事件です。飯塚氏の闘いの結果、明らかに国税庁の勇み足であることが判明していた事件です。しかし、国税庁はメンツをつぶされたとして執拗に捜索し、飯塚氏の顧客の帳簿までことごとく押収する強制捜査を続け、飯塚氏を再起不能なまでに追い込んだのです。しかし、彼は並外れた知識、精神力、支持者の支援などを得て7年間にわたり、歴史に残る不撓不屈の闘いに勝利したのです。

4. 法廷における因果関係論争

権威ある米国の医学者の反論

　私は、うつ病になる前に、これまで紹介してきた研究結果を、川崎と名古屋の大気汚染公害裁判で闘っている患者側弁護士さんから頼まれ裁判でも証言しました。1995～6年の川崎大気汚染公害裁判の2次訴訟と1996～7年の名古屋南部大気汚染公害裁判です。

　私は、裁判所に履歴証書と研究業績書を提出していました。当然、薬学博士で医師ではないことは誰でも分かります。ところが、川崎の裁判では、一番はじめに相手方から「貴方は気管支喘息の患者を診察したことがありますか？」と聞かれました。これは、「裁判長、医師でもない人間に気管支喘息のことなど分からないのですよ」とアピールしたい国側の気持ちの表れです。

　しかし、川崎と名古屋での私の証言は、その後の尼崎大気汚染裁判と東京大気汚染裁判にもそのまま証拠として採用されました。私が証言に立ったわけではないその後の尼崎と東京の2つの裁判でも、私達が行った一連の動物実験を論拠に加えて「DEPが気管支喘息を発現させる可能性が強く示唆される」として、因果関係を認める被害患者側勝利の判決が出たのです。

　しかし、国側はそれら全ての裁判で、因果関係を否定し続けました。今も否定しているのですから当然ですが。国側の担当は当時の建設省でしたが、国側内部では環境庁も関与しています。その反論のために、国内外の学者を動員して、私の研究結果を否定してきました。

　先に紹介した私達の研究報告書はA4版85頁の物ですが、それを全て英文に翻訳し、アメリカ・ロチェスター大学医学部のユーテル教授に反論を依頼しています。ユーテル教授からは、実にコマゴマとしたことも含め、約20頁の反論書が出てきました。このことが証明されていない、あのことも証明されていなといい、完全な科学的証明がなされたと

は言えないという主張でした。

　彼の反論書の中で最も重要な問題は次の冒頭部分です。「喘息の発病率、有病率および難治性喘息患者は、世界中で著しく増加しています。大気汚染レベルが低下しているにもかかわらず喘息患者がこのように増加していることから、大気汚染が喘息の原因であるとは考えづらい」と切り出しています。

　「大気汚染レベルが減少している」とはどのようなデータに基づいていっているのでしょう。先の 94 頁の図 5-2 に示した通り、ディーゼル車はドンドン増え、気管支喘息の患者も増え続けていたのです。何のデータも示すことなく「大気汚染レベルが低下している」という前提で始める議論にどんな意味があるでしょう。科学者としての姿勢に大いに疑問を感じました。

　次に彼は、「〜動物に特定の物質（ここでは DEP）を投与した結果生じた変化がヒトで見られるものと類似しているからといって、ヒトにおいてもその病態が発現すると結論付けるのは誤りである」といい、嵯峨井博士の結論は誤りであると述べています。

　この反論に対し、私は「〜動物に特定の物質（DEP）を投与した結果生じた変化がヒトで見られるものと類似している場合、ヒトにおいてもその病態が発現するかも知れないと結論付けるべきである」と反論しました。これは、屁理屈合戦のように思われるかもしれませんが、決して屁理屈ではありません。例えば、私達は車を運転する時、あの見通しの悪い角で子供が飛び出してくるかも知れない、と思うから注意して運転します。

　「〜かも知れないから、充分注意する」というのは「予防原則」といわれる考え方です。あらかじめ予見可能な危険を察して対策を取ることの重要性を訴えている原則です。この原則は、1992 年に、ブラジルのリオネジャネイロで開かれた地球環境サミットの宣言文の 15 番目に謳われています。地球温暖化を防ぐための対策の重要性を謳った会議での

第5章　ディーゼル排ガスによる気管支喘息発症の証明とその因果関係論争 〜我ら、かく闘えり〜

宣言ですが、以下のように述べています。

「**環境への深刻あるいは不可逆的な被害が存在する場合、完全な科学的証明がまだないことをもって、環境**悪化を防止するための費用対効果の大きな対策を延期する理由にしてはならない」。要するに、二酸化炭素（CO_2）が地球温暖化を引き起こすということが完全に証明されていないからといって、CO_2の低減対策を怠ってはならないという主張です。その意味は、環境を破壊してから修復するよりも、事前に対策を取って環境を保全する方が安くつくのですよ、ということです。

ここで、上記のリオ宣言の環境を健康に置き換えて読んでいただきたいと思います。「**健康への深刻あるいは不可逆的な被害が存在する場合**」とは、重症の喘息患者がいるという現実です。「**健康悪化を予防する対策**」とは、患者の健康被害の補償と一定以上の汚染を出さない対策です。大都市部の沿道近くに住んでいて重篤な喘息になった人々は、この原則に述べられていることを訴えているだけなのです。健康被害の補償と汚染の差し止めを求めることはごく当然の権利です。しかし、国はそもそもDEPあるいはPM2.5が喘息の原因であるとは認めていません。その立証のために、ユーテル教授が選ばれたのです。彼を国に紹介した人は、学会ではごく親しくしていた人物で、それを知って私は大きなショックを受けました。

予防原則に対する考え方と環境リスク論

上の項で、「ヒトで見られるものと類似しているからといって、ヒトにおいてもその病態が発現すると結論付けるのは誤りである」という意見（A論）と「ヒトで見られるものと類似している場合、ヒトにおいてもその病態が発現するかもしれない」とする意見（B論）の根底にある考えを較べてみましょう。

A論の考えは、別の言い方をすると、「科学的根拠が必ずしも明瞭ではないから対策を立てようがない」ということになります。B論の考え

表 5-2. 予防原則に対する考え方の違い

	A 論	B 論
1	得られた結果が似ているからと言って人にも起こるとは限らない	得られた結果が人と似ている場合、人でも起こるかもしれない
2	科学的根拠が必ずしも明瞭でないから対策が立たない	潜在的危険性があれば可能な限りの対策を立てる
	環 境 リ ス ク 論 的 考 え 方	
3	官僚的発想	市民的発想
4	機械的感覚	生物的感覚（命を大切にする感覚）
5	悪しき男社会的発想	女性が活躍する社会・発想
6	生産者（企業）重視思想	消費者重視思想
7	大量生産・大量消費の思想	環境重視の思想

は「潜在的危険性があれば最低限の対策を立てるべきである」という考えになります。

また、A論とB論の思考パターンを比較してみます（表5-2）。A論の思考は、官僚的、機械的で生命の尊さや人の痛みを考えようとしない思考です。また、A論は残念ながら悪しき男社会の発想であり、生産者（企業）重視、大量生産・大量消費につながる発想と言えます。

一方、B論はごく普通の市民の発想であり、命の大切さや人の痛みを理解する生物的感覚です。また、それは悪しき男社会の感覚ではなく男女共同参画の精神であり、消費者重視、環境重視の発想と言えます。今日、社会は少しずつですが、悪しき男社会から変わりつつあります。女性の社会進出はこの傾向をさらに促進するものと私は期待しています。

公害事件における完璧主義は犯罪的

私たちは、先にも述べたように、気管支喘息の発症メカニズムを完全に証明したとは思っていません。完全な証明を求め続ければ、今後20年も30年もかかるでしょう。その間に、高齢の患者さんは皆さん亡くなってしまうかも知れません。何のための証明なのでしょう。

科学や科学者の使命とは何かを考えなければなりません。科学者の中

には、完璧を求める人を高級な科学者と思う傾向があります。純粋科学においては大切なことです。しかし、こと公害問題においては、完全な証明を求める完璧主義ほど犯罪的なものはないと思います。議論を泥沼に引きずり込むものです。被害を受けた人が皆亡くなってから、完全に証明されても何の意味もないのです。

　実践の哲学者・森信三氏は、「真理は現実の只中にあり、学問とは真理を探究するものである。真理は現実を変革する威力を持つものでなければならない」と言っています。裏返して言うと、現実を変えることが大切であり、現実問題を解決出来ない学問（研究）は学問とはいえないということでしょう。現実に、苦しんでいる人々の苦痛を可及的速やかに解決するものでなければ、学問の意味はないということだと思います。完璧主義は、問題解決を遅らせる主張でしかないといわなければなりません。

国内の医学者も喘息の因果関係を否定　～科学者の犯罪的役割～

　尼崎大気汚染公害裁判の地方裁判所の判決は2000年1月に出されました。先に述べたように、DEPと気管支喘息の間の因果関係を認め、健康被害の補償と汚染の差し止めを命令しました。しかし、国は納得せず、大阪高等裁判所に控訴しました。

　この地方裁判所の判決に不服な国は、2000年10月に国内の医学者7人を動員して、私の証言に対する反論書を出してきました。藤田保健大学U名誉教授、鳥取大学S名誉教授、金沢医科大学T教授、近畿大学N教授、日本大学H教授、東京女子医大N教授および帝京大学O教授の7名です。彼らは、呼吸器およびアレルギーの専門家で、その分野では高名な臨床医です。しかし、大気汚染の専門家ではありません。ですから、彼らの批判書の内容は、ユーテル教授の反論書の受け売りそのものでした。

　彼らの反論書を読むと、大気汚染の現状を全く理解していないことが

良く分かりました。「大気汚染は減っている。だから、大気汚染が気管支喘息の原因であるとは考えられない」と切り出しているのです。これが、いかに日本の大都市部の大気汚染の現状を知らない主張であるかは、先に述べた通りです。

専門外の人なので、それには目をつぶるとしても、次の反論は許せません。「他の原因（物質）による気道障害で、嵯峨井博士が示した病理学的症状は全て発現する可能性がある」といって、ディーゼル排ガス以外のものが原因物質だというのです。しかし、その根拠となるデータは何も示していません。

私は、「その他の原因とは何ですか？」。「その原因物質は気管支喘息を起こすほどに、当該地域を汚染しているのですか？」。それらの具体的データを示すべきと主張しました。そうしたデータを全く示さない主張は科学的議論を否定するものです。科学的データも示さずに、このような主張をする精神構造は何なのでしょう。医者の権威を盾に、私達のデータを葬り去ろうとする傲慢以外の何者でもありません。

なお、彼らの反論書は2000年10月に大阪高等裁判所の控訴審に提出されましたが、高等裁判所は「これまで地方裁判所で12年間の長きに渡って弁論は充分尽くされた。この間に多くの原告患者が亡くなった。20世紀の問題は20世紀中に解決すべきで、これ以上の弁論を繰り返す必要はない」といい切り、第1回公判だけで結審し、2000年12月に判決を出すと言い渡しました。国と道路公団が事あるごとに「国内で最も権威ある学者」と持ち上げた人たちの反論書は一慮もされずに終わったのです。

なお、7人の医学者の中の最後の帝京大学O教授は、先に紹介したように、ある時期、私達と共同で気道過敏性の測定をしてくれた人です。その時の実験データを"ネイチャー"に発表することを頑として拒んだ人です。この反論書に名前を連ねているのを見た時、私は初めて、彼がなぜ"ネイチャー"への投稿を拒んだのかが分かりました。科学者とし

ての研究実績より国のサポーターになることを選んだのです。そのほうが彼には得することがあったのでしょう。しかもその後、彼は私が差し上げた DEP を使って、ネズミに喘息様症状が起こることを学会で何度も発表しているのです。喘息で被害を受けた患者さんがこれを知ったら、どれほど悲しむことでしょう。

　また、これと同じようなことが別の幾つかの裁判でも見られます。例えば、川崎大気汚染公害一次訴訟で国側の証人として出廷した東京女子医大 K 教授は、それまでの疫学調査の問題点をあげつらい、大気汚染と喘息の科学的因果関係を明らかにすることは出来ないと証言しています。すなわち、「疫学調査は、汚染物質の暴露量とそれによる疾病の発症率との関係を示す定量的な量−反応関係を推定することは可能であっても、定性的な評価はなし得ない。従って、これらの疫学的知見は予防対策上有益であっても、これによって因果関係を解明することは困難である」と言って、疫学調査では科学的証明は出来ないという完璧主義を主張しています。

　ユーテル教授の証言と同様に、いまだ完璧な証明が無いから川崎の大気汚染が喘息を起こすとはいえないと主張しているのです。完璧主義を装い、問題解決を泥沼に引き込む主張です。

　また、「このレベルの大気汚染が気管支喘息を起こすとは考えられない」と法廷で証言した大気汚染の疫学が専門の東大医学部 M 教授（後に帝京大学医学部教授）は、『沿道汚染、私ならここには住まない』という本を出版して、沿道の大気汚染が健康を害することを得々と述べています。

　こうした科学者の無責任な行動によって、どれだけ多くの患者さんが苦しみ、どれだけ対策を遅らせたことでしょう。科学者の犯罪性を指摘しないわけには行きません。

環境省の最新の調査結果も因果関係を肯定している

先の52頁の表3-1に示したように、環境庁は2011年5月に、環境省自身が6年間に渡って行った大規模な疫学調査（そらプロジェクト）の結果[18]を発表しました。学童、幼児および成人についての調査ですが、特に学童調査は因果関係を明瞭に肯定する結果でした。

しかし環境省は、この期に及んでも「この結果はどのくらいの危険率で喘息が起こるのかを確定付けるものではない」ので、被害者救済の根拠になるものではない、と強弁しています。決して自分達の（先輩達の）判断を覆すつもりは無いのです。環境省は、どこまで被害者・住民を踏みつけにするのでしょう。

この調査は、東京都のディーゼルNO作戦や関東一円の1都4県が独自に国の規制値より厳しい環境基準値を決めて対策に取り組んだ結果、DEP汚染が減少傾向に入った時期に行われたものです。大気汚染がかなり改善した時点の調査でさえも、データの上でははっきり因果関係が読み取れるのです。環境省は、事実を事実として直視し、患者さんの救済に全力を挙げる責務があります。それこそが、行政の使命です。

大気汚染による気管支喘息の被害者たちの壮絶な苦労

前項では、大気汚染の実態や被害者の実態を見ずに国民の利益に背を向けてきた国とそれに呼応した科学者の犯罪性を見てきました。ここでは、大気汚染により健康被害を受けた人たちがどんな困難な状態に置かれていたかを見てみたいと思います。

先に述べたように、1988年に「公健法」が改悪され、新規認定が打ち切られたため、公害患者の苦しみは一層ひどくなりました。

例えば、あるトラック運転手は46歳の時に喘息を発症しました。長年の運転中の排ガス吸入が原因と考えられます。それからは、仕事を休むことが多くなり収入がなくなるので入院もできず、夜中に発作が起こっても朝までじっと我慢するような状態が続き、奥さんとは離婚に追

い込まれました。

　しかし、生活のために仕事を休み続けることも出来ず、発作でほとんど眠れないまま勤務についた時、人を死亡させる事故を起こしてしまい、会社も解雇されました。喘息にかかったばっかりに、次々と悪循環が重なった悲劇です。人により事情は色々違いますが、このようなことから家庭生活が上手く行かず、離婚や家族崩壊になった例はいくつもあります。

喘息で壮絶な人生を送ったある婦人の例

　次に、家庭崩壊寸前まで行ったけれど何とか家庭を守り抜いた凄惨な体験をした女性の例を紹介します。本人のご了解をいただきましたので、被害者の苦労の実態を知っていただくために、東京大気汚染裁判での証言（2004.12.14）をそのまま紹介します。

　MIさん。1956年生まれ。20歳の時から武蔵村山市の実家で美容師として働いていました。店の前はダンプ街道と呼ばれた新青梅街道で、夜中でも走行量が減ることはありません。それまでは病気1つしたこともなく、健康には何の不安も無かったMIさん。しかし、時々咳や痰が出るようになり、22歳の3月に息が苦しく動けなくなり、初めて入院し、気管支喘息と診断されました。以下は法廷での本人の証言です。

1) **肉体的・精神的被害**

　私は美容師になるまでは健康に全く不安はありませんでした。美容師の仕事は立ち仕事で、体力なしには勤まりません。働き始めてしばらくしてから、咳や痰が止まらず、医者に行っても良くならなかったので、とても不安でした。22歳の時に気管支喘息と診断されましたが、当時喘息という病気を全く知りませんでした。ただ、発作が起きると呼吸が出来ず、死んだ方がましなくらい苦しいので、パニックを起こしてヒイヒイ泣いていました。

　発作の時は、喉の奥が急に詰まってしまったような感じになり、その

上ドロドロした痰が絡むので、呼吸ができません。鼻と口を一緒に押さえられたように、息を吸うことも吐くことも出来ないのです。背中を丸めて全身で一生懸命息をします。

のどの辺りはゼイゼイ、ヒューヒュー笛のように鳴ります。冷や汗が沢山出るのですが、肩やのどの周りに何かあるとその分、息が苦しくなるので、タオルも使えません。もう1歩も動けない状態で、しゃべることも出来なくなります。そのうち、酸素欠乏のせいで、意識が朦朧としてきます。こんなに苦しいなら、死んだ方がましだと何度思ったか分かりません。こんな苦しい発作がこの先もまだ続くのかと思ったら、本当に絶望的な気持ちになったこともあります。死んでしまおうかと思ったこともあります。

2) 家庭生活上での被害

私は22歳で気管支喘息と診断され、発作で入退院を繰り返してきました。夫は「この病気を2人で治そう」と言ってくれ、結婚しました。しかし、家族を持ち、その家族の生活を維持する上では大変な苦労をしました。

その1つは出産の苦労です。妊娠が分かった時、私の周りで出産に賛成してくれる人は1人もいませんでした。真っ先に反対したのは母親で、医者も反対しました。しかし、自分がこの世に生きた証が欲しく、死んでもよいと決心して出産しました。妊娠中も発作が続き、胎児が大きくなるにつれて呼吸が苦しくなりました。7ヶ月目で、主治医もこれ以上は母体が持たないと言いました。しかし、ここで出産すると子供が小さすぎます。発作で意識朦朧としている間に子供をお腹から取り出されるのではないかと、不安になりました。病院をたらい回しにされながら、ようやく9ヶ月目で子供を生むことができました。

第2の苦労は子育てです。乳飲み子が4ヶ月の時に大発作を起こし入院しました。子供を実家の母に預かってもらいましたが、入院中も考えるのは子供のことばかりです。苦しい中、母乳を搾り冷凍して夫に持っ

て行ってもらいました。入院は続きましたが、しばらくして実家にかえることが出来た時、子供は誰だろうと言う感じでキョトンとしています。娘は私の顔を忘れたのです。あんな辛い思いをして、どうにか生んだ娘に、顔まで忘れられてしまったのか、と思うと悲しくワーワー泣いてしまいました。母乳を含ませた時に、ようやく娘は私を思い出したのか、嬉しそうに笑いました。この顔を一生忘れまいと思いました。

　子供が幼稚園に行っていた時は、私の発作が一番ひどい頃でした。病院に行ったらそのまま入院ということもあります。突然入院し家から母親がいなくなってしまうのですから、娘はだんだん情緒不安定になり、とうとう幼稚園にも通えなくなってしまいました。夫は娘の面倒を良く見てくれましたが、働かない限り収入がないのですから、どうしても日中は私の母に預けるしかありません。

　子供の幼稚園や学校の行事で、親が一緒に参加する行事には、ほとんど参加できませんでした。小さい頃、子供は母親が一緒に参加できないと分かると行事に行きたくない、と言い出しました。周りの友達はみんな母親と参加するのに、自分だけおばあちゃんや父親と参加するのはいやだ、というのです。しょうがないので、私の妹に付いていってもらいました。子供に辛い思いをさせ、本当に情けなく辛い気持ちでした。

　第3は夫との関係です。夫は私の病気を理解してくれましたが、通院、入院で大変な医療費がかかります。認定制度を知らなかったので認定を受けられず、その経済的負担は家計を圧迫しました。夫は収入を上げるために必死で働きましたが、家に帰れば私がまた入院しており、しかも小さな娘の面倒が残っているのです。だんだん怪しげな新興宗教に影響されるようになりました。私も、度重なる発作の苦しさと夫の気持ちが私から離れてしまったような気がして、精神的に不安定になり、もう死んでしまおうと娘と一緒に家を出たこともあります。その時は、家庭崩壊の寸前だったと思います。夫は愚痴一つ言いませんでしたが、苦労を掛けたと思っています。

3) 薬物の副作用による被害

　若い頃から大量の薬を使ってきたせいか、私の体は薬の影響を受けてきました。（内服）ステロイドの影響は全身にでます。大発作の時は特に大量のステロイドを使いますので、急激に筋肉が衰え、退院した時には歩けなくなり、手がふるえて、字も書けなくなります。また、湿疹が全身にでき、何をしてもだるいという倦怠感、ひどい時には幻聴や幻覚も現れます。

　また、長期にステロイドを使い続けたせいか、私の骨は老人のようにぼろぼろになり、すでに3回骨折をしています。咳をして肋骨を骨折したり、クシャミをして椎間板をつぶしたり、健常人なら何の問題も無いことで骨が折れてしまう状態です。

　さらに、内臓への影響もあります。娘が小学校にあがる頃から、ようやく私の発作も落ち着き始めた時、2人目の子供の妊娠が分かりました。しかし、子宮外妊娠で、一刻も早く手術をしないと私自身の命も危ないといわれ、すぐ手術をしました。しかし、開腹すると、私の内臓は癒着が激しく、すでに出産に耐えられる状態ではないことが分かったそうです。もう二度と子供を生むことは出来ないと言われ、私は絶望的になりました。医師によれば、これも薬の影響だろうということでした。

4) 経済的な被害

　私は認定制度の存在を知らず、ずっと医療費は自分の負担でした。1回医者に行って薬をもらうだけでも、スーパーのビニール袋1袋分くらいになります。費用も8000円くらいはかかります。まして入院ともなると10万円、20万円とかかります。この経済的負担は大変なものでした。

　結婚後は、私は既に働けるような状態ではないので、夫だけの収入です。まだ若く、それほど収入がない上、月に2回も3回も入院するのですから、医療費の支払いに追われる状態でした。私も夫にこれ以上苦労をさせたくないと思って、入院だけはしないで何とか注射や点滴で、家に帰れるようにしました。子供が小さい頃は、私の両親が見かねて、私

の実家で一緒に暮らすように言ってくれ、3人で実家にいました。夫にはやっぱり気づまりだったのでしょう。夫と私の両親との間が上手くいかなくなりました。子供が学校に上がる頃、夫の両親が夫の状態を見かねて、「医療費は面倒を見るから」と言って、3人でアパートを借りて暮らすようになりました。医療費は夫の両親がしばらく面倒を見てくれました。毎月毎月、家計をやり繰りしても、医療費の支払いが重く、いつもどうやって医療費を払おう、という心配ばかりして来ました。それは今も同じで、ようやく入院こそ減りましたが、通院と薬は欠かせません。医療費は家計に重くのし掛かっています。

5）社会生活上の被害

喘息になってから、日常の生活も制限されました。いつも息苦しいので、襟のある洋服は着ることができません。また、胸を締め付ける服もダメなので、私はしばらくブラジャーを付けることさえ出来ませんでした。通院などで外出する時は恥ずかしいのですが、そんなことは言っていられません。私はもともと美容師で、おしゃれは大好きなのですが、自分の身の回りに気をつけられるようになったのはここ数年のことです。

いつも息苦しく、今でも仰向けになることは出来ません。そのため、歯医者で診察を受けるとき仰向けになると苦しくなります。夜も仰向けで眠ることが出来ず、横を向いてできるだけ背中を丸め、顔を足の方に向けエビのような形になって寝ます。風呂も長くつかることが出来ず、せいぜい胸のあたりまでしかつかることが出来ません。重いものを持ったり、階段を上がることも苦痛です。

6）まとめ

喘息の苦しさは言葉では言えません。こんなに苦しい思いをし、家族に負担をかけ、しかも死ぬまでこの苦痛を味わわなければならないのです。私達は何も好き好んで裁判を起こしたのではありません。裁判所に救済を求めなければ、救済されないと考えたからです。自動車排ガスは毎日排出され、新たな被害者が毎日出てきています。私たちのような苦

しい思いをする人が居なくなるように、裁判所に公正な判断をお願いします。(2004年12月14日)

以上はMIさんの裁判での証言です。

後の、「東京都は控訴せず」(138頁)の項で詳しく紹介しますが、この東京大気汚染公害裁判は自動車排ガスが喘息の原因であることを認定し、東京都の石原知事（当時）はその判決を受け入れました。さらに、国や自動車メーカーなどの参加を求め、東京都独自の「大気汚染健康障害医療費助成制度」を制定し、被害者の医療費の助成制度を作りました。MIさんは、現在58歳ですが、この制度のお陰で必要な医療を受けられるようになり、大変感謝しています。

国は大気汚染公害被害者医療救済制度を作れ

上記のように、東京都が創設した「ぜん息医療費助成制度」は大気汚染公害の被害者にとってどんなに有難いものかは誰もが認めているところです。それまでは、経済的に苦しかったため重症化してからでないと病院にかかれず、費用がさらにかさむという悪循環にありました。しかし、東京都の助成制度ができてからの患者さんのアンケート調査では、「お金の心配なく治療に専念できるようになった (79.5%)」、「積極的に治療しようと思えるようになった (67.7%)」、「症状が改善した (52.0%)」など、制度の成果が明らかに表れています。

この制度は、2002年の東京大気汚染公害裁判で敗訴した東京都が国、自動車メーカーおよび首都高速道路公団に基金の拠出を求めて2008年8月に創設されたものです。基金は、東京都と国が1/3ずつ、メーカーと首都高公団が1/6ずつ負担し合計200億円の基金を作り、18歳以上の都内の非喫煙患者を対象とし、現在約7万7千人を認定しています。なお、この制度は裁判での和解条項に基づき5年後に制度の成果を検証したうえで見直すとされている上に、この基金は2014年度末で底をつく状況にあります。

ところが、2013年末になって、国とメーカーが今後の基金への負担を拒んできたため、この制度の存続が危ぶまれています。その拒否の理由は、先に紹介した「そらプロジェクト」の「成人調査」で自動車排ガスを吸い込んだ量と喘息発症率との間に因果関係が認められなかったから、としています。53頁の表3-2に示したように、全対象者の解析では相関は見られませんでしたが、非喫煙者では明瞭な量-反応関係が認められ、最高濃度帯では有意差が認められていたのです。どこを押せば因果関係が無いといえるのでしょう。

　それどころか、国には全国レベルで東京都と同じ医療助成制度を作る責任があります。これまで、ことごとく因果関係を否定し被害を著しく拡大させてきた責任があり、さらには裁判でもことごとく敗訴してきたのですから、その判決を真摯に受け止め患者を救済する責任があります。国には、国民の健康の保持増進に努める責任があり、憲法第25条に明確に規定されています。私たち国民には、裁判で負けても判決に従わない、憲法を守らないなどという選択肢はあり得ません。国にはあると言うのでしょうか。国民の倫理観とはあまりにも乖離しています。

　なお、注目すべきことに、東京都議会は国会と政府に対し国の責任において、健康被害に対する総合的救済策を講じることを求めており、自動車工業会は「国による救済制度創設が提案された場合は、話し合いに応じる」と述べ、石油連盟は「国による制度創設が決まれば財源拠出を検討する」と述べています。結局、国だけが後ろ向きであることが一目瞭然です。

公害裁判での因果関係認定に関する考え方

　世の中には、データが完全ではない段階で結論を出さなければならない場合が多々あります。例えば、薬害問題が発生した場合、いまだ因果関係が充分に解明されたとはいえない段階で、薬の製造販売あるいは流通を禁止すべきか、もう少し事態の推移を見守るべきか、非常に難しい

局面に立たされます。サリドマイド事件などはその良い例でした。

公害裁判においても、裁判官は因果関係についてまだ完全な科学的証明がない状態で判決を出さなければなりません。

例えば、4大公害裁判のイタイイタイ病、四日市喘息、熊本水俣病および新潟水俣病のような大きな公害裁判において、彼らはどんな考え方のもとに判決を下したのでしょう。それは、「蓋然性の理論」と呼ばれる考え方です。

蓋然性の理論とは、「厳密な科学的証明がまだ無くとも、その研究結果が論理的に矛盾無く、またそれを覆せる反証が無ければ法的には因果関係を認める」というものです。こうした考え方に基づいて出された上記4大公害裁判をはじめとする多くの公害裁判の判決で、後世になって因果関係が覆ったという例はいまだ1つもありません。この考え方に立ちデータが吟味された思考の勝利といえます。

私達の研究結果を覆す反証として出された自動車研究所の実験

さて、ディーゼル排ガス（DE）と気管支喘息の因果関係に関しては、実験研究、疫学研究および臨床研究などのデータがあり、それらの間に論理的な矛盾が無いことは裁判の中でも立証されました。しかしその時、国側は、私達の研究に対する新たな反証を出してきました。次頁の図5-6に示した自動車研究所（つくば市）の実験データです。

図に示すように、自動車研究所では、実験1として、マウスにDEを24ヶ月間吸わせ、その間に2週間に1回ずつ$0.01\mu g$のアレルゲン（OA）を吸わせ続けたのです。しかし、彼らは「私達のような、喘息様の病態は全く現れず、肺の病理標本はきれいな状態であった」というのです。だから、嵯峨井らの実験はどこかで間違っていると主張してきました。この実験は、東北大学医学部の免疫学の高名な教授が指導したものなので、大変な自信でした。

この時、私は「あなた方の実験結果は正しいと思います」といいまし

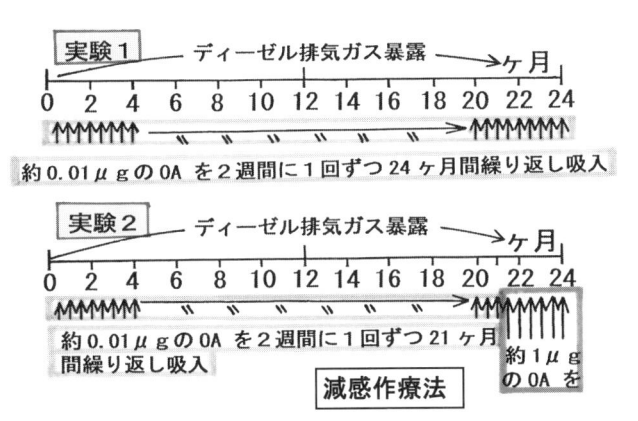

第5章　ディーゼル排ガスによる気管支喘息発症の証明とその因果関係論争 〜我ら、かく闘えり〜

図 5-6. 日本自動車研究所が行ったディーゼル排ガス吸入による気管支喘息に関する実験

　実験1は0.1, 0.3及び1.0mg/m³のDEP濃度の排ガスを2年間吸わせ、その間に0.01μgというごく微量のアレルゲン（OA, 卵の白身のタンパク質）を2週間おきに吸わせ続けた実験で、私たちのような気管支喘息のような病態は全く発症しなかったとする実験。これは、減感作療法を行った実験で、喘息を発症させる実験ではない。気管支喘息を起こすには、人が吸い込む量（この実験の約100倍）のアレルゲンを吸わせる必要がある。
　実験2は、最後の3ヶ月間だけ100倍のアレルゲンを吸わせたが、やはり喘息の病態は発症しなかったとする実験。これは、21ヶ月間で減感作療法が成功したために喘息の病態が起こらなかった。

　た。それを聞いた国側代理人は、ひどく驚いていました。当然、私が猛烈に反論してくると思ったのでしょう。続けて「しかし、私たちの実験も正しいのです。なぜなら、あなた方の実験は、0.01μgという、私達が投与したアレルゲンの100分の1と言う極めて微量のアレルゲンを2年間に渡って繰り返し投与しています。ですから、結果的に減感作療法を行ったことになります。あなた方の実験は、喘息を起こすための実験ではなく、喘息にならないようにする治療実験をしたことになります。それは見事に成功しています。それに対し、私たちの実験は、1μgという通常の実験で用いられている量のアレルゲンを投与する、まさに喘息を起こす実験だったので、喘息の基本病態がことごとく発現したのです」といいました。

> 注）減感作療法とは：様々なアレルギー疾患の治療法あるいは予防法の一つで、非常に微量の原因アレルゲンを注射等で長期間繰り返し皮下などに投与する治療法です。これにより、肥満細胞の表面のIgEなどの抗体が結合するカギ穴（受容体）をあらかじめ埋め尽くしまい、新たにアレルゲンが入ってきても、作動しないようにするものです。
>
> 　最近、花粉症や喘息の予防に微量のアレルゲンを舌の下から吸収させる舌下免疫療法が開発され、いちいち病院で注射を受ける煩雑さがない治療法も開発されてきました。2014年5月から保健適用になります。

　ところが、「いやいや我々も、図5-6の下段に示す実験2のように、貴方たちと同じ量の1μgのアレルゲンを投与する実験もした。しかし、やはり肺に病的変化は全く見られなかった」というのです。私は、すかさず「それはそうでしょう。24ヶ月間のうちの21ヶ月間も微量のアレルゲン（0.01μg）を投与したのですから、減感作状態が完成していたのです。だから、最後の3ヶ月間だけ1μgという通常量のアレルゲンを投与しても変化が無いのは当然です。そのくらいの期間のアレルゲン投与で喘息になるなら治療法にならないのではないでしょうか」と反論しました。

　こうして、私たちの研究結果を覆す反証として出されたデータは退けられたのです。一緒に作戦を立てた西村隆雄弁護士との共同作戦が見事に実を結んだ瞬間でした。

　この時、裁判長が大きくうなずいているのが分かりました。この瞬間、私は不遜にも、「この裁判は勝った」と感じました。事実、この川崎大気汚染2次訴訟の判決は、表5-3に示したように、SPMとNO_2とも気管支喘息の原因物質として認めたのです。しかし、残念ながら、汚染の差し止めについては、「住民側の主張は適法だが、道路は公共性が高いので交通規制などの指し止めは認められない、受忍範囲である」と

いうものでした。いずれにしろ、大気汚染公害裁判の中で、はじめてSPM（中身の中心はDEP）が気管支喘息の原因物質として認定されたのです。この判決は大きな意味を持ちました。

歴史は市井の市民が作る

川崎に続いて証言に立った名古屋南部大気汚染公害裁判でも私は同じ証言をしました。その証言は、川崎の後の尼崎の公害裁判でも採用されました。その結果、表5-3に示すように、DEPだけを気管支喘息の原因物質と認めるという画期的な判決が出ました。さらに、汚染の差し止めに関してもDEPについて認めたのです。これは、DEP汚染が一定のレベルを超えた場合は、強制的に交通量の規制等を命令できるというものです。

その理由として、尼崎大気汚染公害裁判の判決文では次のように述べています。「道路は極めて公共性の高いことは言うまでもない。しかし、

表5-3. 沿道大気汚染に係わる公害裁判とその判決

	判決年月	大気汚染による健康被害	認容範囲	公害差し止め請求
大阪・西淀川 （1次判決）	91年3月	認めず	———	不適法（却下）
川　崎 （1次判決）	94年1月	認めず	———	不適法（却下）
大阪・西淀川 （2-4次判決）	95年7月	NO_2との因果関係認める	沿道50m以内の居住患者	適法だが認めず（却下）
川　崎 （2-4次判決）	98年8月	SPM、NO_2とも因果関係認める	沿道50m以内の居住患者	適法だが認めず（却下）
兵庫県・尼崎	00年1月	DEPだけ因果関係認める	沿道50m以内の居住患者	DEPについて差し止めを認める
名古屋南部	00年11月	DEPだけ因果関係認める	沿道20m以内の居住患者	DEPについて差し止めを認める
東　京 （1次判決）	02年10月	DEPだけ因果関係認める	沿道50m以内の居住患者	適法だが認めず（却下）

公共性の名の下に人の健康や命を脅かすことが有ってはならない」という判決です。これは、従来の公共のために健康被害や生命への脅威を受忍すべきものとしてきた考え方から180度転換したものです。

この判決は、人権・人命の尊さを高らかに謳った後世に残る名判決と言えます。そして、この人権と人命の尊厳を認めた判決は、名も無く弱い立場にあった多くの患者さん、その家族や弁護団をはじめとする支援者たちの長い永い闘いの末に勝ち取ることができた至宝と言えるものです。まさに、「市井の市民が歴史を作る」ということの見本と言えるでしょう。

2000年1月の尼崎判決は同年11月の名古屋南部判決へと続き、その判決は判例として定着したといえます。事実、2002年の東京大気汚染裁判の判決でもDEPを気管支喘息の原因物質と認定しました。

東京都は控訴せず

東京の大気汚染はほとんどが、自動車を中心とする移動発生源由来でした。そのため、上記の東京大気汚染公害裁判の被告は、道路を設置・管理する国（国土交通省）、首都高速道路公団および東京都で、これに加えてディーゼル車を製造している自動車メーカーも含まれていました。自動車メーカーは判決を認めて賠償に応じました。しかし、国と道路公団はこの期に及んでも因果関係を認めず2億円の損害賠償にも応じていません。

一方、東京都は控訴せず損害賠償に応じました。これについて、石原慎太郎知事（当時）は「訴訟の対応に労力を裂くのではなく、排ガス規制の強化と健康被害者の救済が本当に必要な行政の使命である」というすばらしい談話を発表し、裁判での負けを受け、賠償に応じたのです。

さらに、石原知事は国にも控訴しないように呼びかけるほか、自動車メーカーの費用負担も視野に入れた健康被害者救済制度を国が創設するよう要求しました。

また、石原知事は「東京の大気汚染の根本原因は国の排ガス規制の怠慢にある」とした上で、「都に大気汚染の責任があるとするのは安易なこじ付けである。国の規制の不作為の責任が問われるべきなのに、都の責任まで問うのは不完全な判決だ」と不満をあらわにしました。東京都は、1990年代後半から、ディーゼルNO作戦を展開し、都独自の厳しい排ガス基準を決め、ディーゼル車にDEPを除去するフイルターの設置を義務付け、そのための補助制度も作るなど首都圏4県と共同歩調で対策を進めてきました。東京都にとっては当然の不満でしょう。

　一方、国・環境省は見るべき対策も立てられず、その裏で東京都が独自に国より厳しい排ガス準値を決めたことに対し、「ダブルスタンダードになり好ましくない」などとブレーキをかける有様でした。

　これは、現場を知らない国の官僚が強大な権限を盾に机上の空論を振り回しているだけであることを白日にさらした出来事でした。

5. PM2.5の環境基準値の策定、大型道路建設の問題

　国・環境省は2009年に、従来のSPMの環境基準値のほかにPM2.5の環境基準値を決めました。最終的には、世界保健機関（WHO）の10 $\mu g/m^3$ではなく、米国で1997年に決めた基準値（年平均値15$\mu g/m^3$、日平均値35$\mu g/m^3$）と同じにしたのです。なぜ、日本では米国より12年も遅れたのでしょう。検討すべきデータが手に入らなかったわけではありません。日本の大気汚染公害の患者さんや公害弁護団がずっと以前から基準の制定を求めていたのにです。しかも、米国では現在はもっと厳しい12$\mu g/m^3$以下に改定しています。

　幸いなことに、1990年代後半からの東京都のディーゼルNO作戦や首都圏1都4県の対策により、DEPあるいはPM2.5汚染は改善傾向にあります。しかし、まだ汚染のひどい所は沢山残っており、そうした所ほど汚染レベルの改善が遅く、基準値をクリアするには今後10年も20年もかかると推定されています。

　おまけに、そうした汚染の激しい所に新規に大型幹線道路を作ろうという事例が全国で30カ所以上もあります。一日に4万台以上もの車が増える道路が、住民の反対運動に会っているのに東京都内だけでも10ヶ所以上も工事が進んでいます。幾つもの裁判が闘われています。しかし、司法は相変わらず行政追随の判決ばかりです（「くるま依存社会からの転換を」参照）。

　人口が減り、車も減り、自然環境が損なわれていくにも係わらず、幹線道路建設ラッシュです。その道路端から5m以内に幼稚園や小学校がさしかかっている所が幾つもあるのです。子供の健康を願う住民の願いを無視した道路建設で、新たな被害者を生み出す危険を感じてなりません。もう大都市圏に大型道路は要りません。かろうじて残されている自然を保護する対策を立てることが国民の願いであり、利益にかなうと考えます。

終わりに

　本書では、中国の PM2.5 汚染の現状と原因、国内の PM2.5 汚染の問題、人の健康への影響と動物実験での健康影響、その作用メカニズムおよび気管支喘息と DEP の因果関係論争などを紹介しました。

　気管支炎、気管支喘息、肺がん、花粉症等が PM2.5 あるいは DEP 等で発症することはよく知られていますが、それ以外の動物実験の結果はあまり知られていません。特に、次世代に及ぶ脳・神経系や生殖器系への影響などが動物実験では非常に沢山報告されており、影響が広範に及ぶことが危惧されます。しかし、これら動物で見られた影響が人でも起こるかどうかはまだ十分に証明されてはいません。完全に証明しようとすればまだ何十年もかかります。ただ、完全に証明された時には、膨大な潜在被害者が出ていたということにもなりかねません。

　今後、こうした健康被害が人で起こることを予防することを願い、過去に公害が繰り返された背景にあった問題点を指摘し、今後の戒めとしたいと思います。

　その第一は、加害者や行政が事実を事実として直視しようとしなかった問題です。例えば、SO_2 汚染が劇的に低下している時期でも喘息患者は増え続けていした事実を認めず、「大気汚染と気管支喘息は関係ない」と主張し、DEP 汚染や被害の実態調査もせず、因果関係ありとする研究結果を否定することに終始していました。あの頃に、両者の関連を疑い対策を立てていれば、被害者はもっともっと少なかっただろうと悔やまれます。

　第 2 は、予防原則への無理解です。事実を直視し、可能な限りの対策を立てる方がはるかに安上がりになることを理解しようとしなかったことです。これまでの日本の公害の歴史の中で、多くは完全ではないが動物実験で因果関係はかなり予測されていました。それにもかかわらず、「たかがネコやネズミの実験」として注意を払いませんでした。「事前に

予知し得たリスクに対して可能な限りの対策を立てて予防する」と言う予防原則を全く理解していなかったのです。その重要性を、今一度思い起こす必要があると思います

　第3は、行政の不作為の責任です。SO_2汚染が劇的に低下しているけれど喘息患者が増え続けていた時、因果関係が完全に分かっていないということを錦の御旗として不作為を続けた行政の責任です。

　今日、多くの国民は、DEPやPM2.5が喘息や花粉症の原因であると思っています。国民の素直な直観なのです。しかし、国・行政は認めていません。行政は、机上の空論を並べていただけです。もっと現場をよく見て、現実を知るべきです。患者・被害者の悲鳴を聞くことです。そうしたことを可能にする行政的仕組みなしには望ましい対策は期待できません。

　第4は、公害問題の因果関係論争における完全主義と科学者の役割の問題です。例えば、気管支喘息や花粉症、肺がんのようなよく知られている健康影響ですら、PM2.5あるいはDEPとの因果関係が完全に証明されているわけではありません。CO_2と地球温暖化との因果関係がまだ完全に証明されてはいないのと同じ意味で、です。完全に証明しようと思ったらまだまだ何十年もかかります。完全に解明されていないことは事実です。しかし、最も大切なことはその時々に得られた事実を総合的・論理的に判断し、問題の本質を見抜くことです。そして、国・行政に対策や救済策を提言するのが科学者の役割です。行政の言いなりになって、国民に背を向けるべきではありません。

　第5に、行政・政府の政策立案と民主主義の問題です。これまでの政府の交通、産業立地、公害防止などの政策は「失敗の連続」であった、といわざるをえません。この問題の根源は政策の立案・実施者が情報を住民に開示し、住民と協議するという民主主義の基本を理解せず、御上意識で進めてきたことです。住民参加のないこれまでの公害・環境行政が、いかに悲惨な公害被害を拡大させてきたことか。地域住民の意見と

要求が対等平等の立場で行政や政策に反映される仕組がない限り、公害・環境問題の本質的な解決はありません。環境問題は民主主義の問題なのです。特に、現在進行中の道路建設をはじめとする公共事業においては極めて大切なことです。

　第6に、私たち国民が自分たちの意見をしっかり主張してこなかった問題です。議員や御上に任せる「お任せ民主主義」に流されていたのではないかと思います。その結果、産業立地や道路建設、公共事業などが住民の希望とはまるでかけ離れたものになり、そして公害を発生させてきたように思います。40-50年も前に計画された事業が、状況が全く変わった今になって強行されている例が沢山あります。残り少ない自然環境の保全と住民の安全安心が脅かされているのです。それを防ぐ為には、国民・住民が優れた環境を子供や孫たちのために保全する意思を明確に主張し、賛同を得る運動を広げて行く努力が必要です。小さな声でも出すことです。さらに、賛成か反対かの単純な二項対立を乗り越えられる柔軟な思考能力、調整能力を高める努力も必要と思われます。

　第7は、公害事件での差別の問題です。公害事件では常に被害者が偏見と差別に晒されてきたという歴史があります。加害者が差別されるなら仕方がありませんが、何の落ち度もない被害者が差別されてきたのです。しかも、特に悪意に満ちた人間が差別したというのではなく、ごく普通の人間が差別したのです。東日本大震災では、被災者や日本人の忍耐力と絆を大切にする姿が世界の賞賛を浴びました。しかし、その日本人が公害においては信じられない差別者に変身していたのです。水俣病などの差別の記録は涙なしでは読めません。原発事故の被災者さえも様々な差別を受けました。こうした事実を深く心にとどめ、人の痛みがわかる人間でありたいものです。その為に、私達はどのような教育、修養が必要なのでしょうか。今、それが問われているように思います。

　以上のような公害発生の問題点を振りかえると、もう決して悲惨な公害被害者を出さないで欲しい。また、いま公害に苦しんでいる日本の

人々、世界の人々を支援して欲しい。そうした思いを受けて、「今日、日本の公害対策や技術は世界トップクラス、発展途上国への技術移転を積極的に進めるべき」とする議論が活発です。しかし、こうした日本の公害対策の成功を語るとき、多数の公害被害を拡大させた歴史を忘れてはなりません。

　また今日、世界の多くの開発途上国の公害・環境公害問題の解決にも、あるいは多大な環境破壊をもたらす国際紛争の解決に対しても日本は協力できる力を持ち、協力することが期待されています。公害の歴史を正しく認識することなくして公害問題、環境問題の解決はありません。正しい歴史認識無くして国際紛争の調停・解決もできません。こうしたことを忘れずに、日本がこれから世界の公害問題・環境問題などの解決に積極的に貢献して行くならば、かならず国際社会の評価を高め信頼を勝ち得ることができ、環境保全や世界の平和にも貢献しうると確信します。日本にはそれだけの基盤があると確信しています。そうした方向に日本が進んで行くように努めたいものです。

　最後に、本書の不備や誤りなどのご指摘とご指導をいただいた川崎合同法律事務所・西村隆雄弁護士と私の古い研究仲間に心から感謝いたします。

2014年　1月　　　　　　　　　　　　　　　　嵯　峨　井　　勝

参考書籍
① 環境省「微小粒子状物質健康影響評価検討会」報告書（2008）.
② 日本の大気汚染経験：日本の大気汚染経験検討委員会編、ジャパンタイムズ（1997）.
③ 木野 茂 編：新版環境と人間～公害に学ぶ、東京教学社（2001）.
④ 小田康徳編：公害・環境問題史を学ぶ人のために、世界思想社（2008）.
⑤ 吉田 克己：四日市公害、その教訓と21世紀への課題、柏書房（2002）.
⑥ 篠原 義仁：自動車排ガス汚染とのたたかい、新日本出版社（2002）.
⑦ 嵯峨井勝：ディーゼル排ガス汚染、合同出版（2002）.
⑧ 菱田和夫、嵯峨井勝：安全な空気を取り戻すために、岩波ブックレット No.678,（2006）.
⑨ 嵯峨井勝：酸化ストレスから身体をまもる、岩波書店（2010）.
⑩ 高田和明：脳の栄養失調　講談社・ブルーバックス（2005）.
⑪ 道路住民運動全国連絡会編著：くるま依存社会からの転換を．文理閣、（2011）.
⑫ 淡路剛久ら編：公害環境訴訟の新たな展開、日本評論社（2012）.

参考文献
1) 金谷有剛：環境省環境研究推進費 S-7：一般公開シンポジウム「越境大気汚染への挑戦」講演要旨（H25, 11.1.）
2) 藤谷、平野ら：日本衛生学雑誌、63、663-669、2008.
3) Li N : Environ Health Perspec, 111, 455-460,（2003）.
4) Klemm RJ ら：Report of Health Effects Institute, p165-172,（2003）.
5) Burnett RT ら：同上、p85-89,（2003）.
6) 環境庁：微小粒子状物質暴露影響調査、（2007）.
7) Omori T ら：J Epidemiol, 13, 314-322,（2003）.
8) Dockery DW ら：New Eng J Med, 329, 1753-1759,（1993）.
9) Laden F ら：Am J Respir Crit Care Med, 173, 667-672,（2006）.
10) Pope CA ら：JAMA, 287, 1132-1141,（2002）.
11) Abbey DE ら：Am J Respir Crit Care Med, 159, 373-382,（1999）.
12) Beelen R, Raaschou-Nielsen O ら：Lancet, S0140-6736(13)62158-3（2013）.
13) 大気汚染に係わる粒子状物質による長期曝露影響調査検討委員会（三府県コホート）：同調査結果（概要）2008.
14) 岩井和朗、内山巌：大気汚染学会誌、35、229-241,（2000）.
15) 蒲生昌志：日本における化学物質のリスクランキング、NITE化学物質リスク管理センター発表会、（2011）.
16) 田中良明、仁田善雄、島正之、岩崎明子、安達元明：大気汚染学会誌、31, 166-

174（1996）．千葉大調査：
17) 環境庁大気保全局：「NOx 等健康影響継続観察調査報告」（1997）．
18) 環境省環境保健部：「局地的大気汚染の健康影響に関する疫学調査（略称そらプロジェクト）」報告書（2011，5月）．
19) Miller KA ら：New Eng J Med, 356, 447-458,（2007）．
20) Hoek G, Krishnan RM ら：Environ Health, 12, 43,（2013）．
21) Ranft U ら：Environ Res, 109, 1004-1011,（2009）．
22) Suglia SF ら：Am J Epidemiol, 167, 280-286（2007）．
23) Calderon-Garciduenas L ら：Toxicol Pathol, 32, 650-658（2004）．
24) Delfino RJ ら：Air Qual Atmos Health, 4, 37-52,（2011），
25) Moulton PV, Yang W：J Environ Public Health, 472751（2012）
26) Lloret A ら：J Alzheimer's Dis, 27, 701-709（2011）．
27) Vina J, Lloret A：J Alzheimer's Dis, 20, S527-33,（2010）．
28) Calderon-Garciduenas L ら：Toxicol Pathol, 36, 289-310,（2008）．
29) Sagai M ら：Free Radic Biol Med, 14, 37-47,（1993）．
30) Ichinose T ら：Carcinogenesis, 16, 1441-45,（1995）．
31) Sagai M ら：Inhalation Toxicol, 12, 215-223,（2000）．
32) Lin TT ら：Free Radic Biol Med, 48, 240-254,（2010）．
33) Takano H ら：Am J Respir Crit Care Med, 156, 36-42,（1997）．
34) Miyabara Y ら：Am J Respir Crit Care Med, 157, 1138-44,（1998）．
35) Lim HB ら：Free Radic Biol Med, 25, 635-644,（1998）．
36) Takafuji S ら：J Allergy Clin Immunol, 79, 639-645,（1987）．
37) Carlsen E：Brit Med J（BMJ），305, 609-613,（1992）
38) Itho N ら：J Androl, 22, 40-44,（2001）．
39) Iwamoto T, Nozawa S ら：BMJ Open, 3, e002222（2013）．
40) Yoshida S ら：Int J Andrology, 22, 307-315,（1999）．
41) Izawa H ら：J Reprod Dev, 53, 1191-1197,（2007）．
42) 武田健ら：ナノマテリアルの次世代健康影響，薬学雑誌，131、229-236,（2011）．
43) 武田健ら：科学技術振興事業団戦略的創造の研究推進事業「内分泌かく乱物質」、第3回領域シンポジウム講演要旨集（2003）．
44) Sugamata M ら：J Health Sci, 52, 82-84,（2006）．
45) Suzuki T ら：Particle and Fibre, Toxicol, 7, 7,（2010）．
46) Levesque S, Surace MJ ら：J Neuroinflammation, 8, 105,（2011）．
47) Calderon-Garciduenas L ら：Toxicol Pathol, 30, 373-389,（2002）．
48) Genc S ら：J Toxicol, Article ID 782462,（2012）．
49) Block ML, Calderon-Garciduenas L：Trends Neurosic, 32, 506-516,（2009）．

50) Block ML ら：FASEB J, 18, 1618-1620, (2004).
51) ティンティンウインシュイら：日本衛生学雑誌、66, 628-633, (2011).
52) Yokota S, Takashima H ら：J Toxicol Sci, 36, 267-276, (2011).
53) Yokota S, Moriya N, Takeda K ら：J Toxicol Sci, 38, 13-23, (2013).
54) Ichinose T ら：Toxicol Sci, 44, 70-79, (1998).

著者紹介

嵯峨井　勝（さがい　まさる）

1943年北海道生まれ。北海道大学薬学部卒業、同大大学院薬学研究科修士・博士課程修了、1974年環境庁国立公害研究所環境生理部研究員、1977年カリフォルニア大学デイビス校留学、1981年公害研究所環境生理研究室長、1990年国立環境研究所大気影響評価研究チーム総合研究官、1991年 筑波大学大学院社会医学系併任教授、1994 大気汚染学会学術賞（斎藤潔賞）授賞、年中国医科大学客員教授、1999年青森県立保健大学教授、同大健康科学研究研修センター長（併任）、2003年同大大学院教授、を経て、2008年同大定年退官、つくば健康生活研究所・代表、2009年青森県立保健大学名誉教授。2013年日本酸化ストレス学会名誉会員、日本医療・環境オゾン学会顧問会員、

札幌医科大学非常勤講師、東大大学院医学研究科非常勤講師、青森県立保健大学非常勤講師：

著　書

『過酸化脂質と生体』（共著：学会出版センター、1985）、『フリーラジカルと生体』（共訳：学会出版センター、1988）、『ディーゼル排ガス汚染』（単著、合同出版、2002）、『安全な空気を取り戻すために』（共著、岩波ブックレット、2006）、『酸化ストレスから身体をまもる』（単著、岩波書店、2010）、他。

PM2.5、危惧される健康への影響

2014年2月28日　初版第1刷発行

著　者●嵯峨井　勝
発行者●比留川　洋
発行所●株式会社　本の泉社
　　　　〒113-0033　東京都文京区本郷2-25-6
　　　　TEL　03-5800-8494　　FAX　03-5800-5353
　　　　URL．http://www.honnoizumi.co.jp/

印　刷●新日本印刷株式会社
製　本●株式会社　村上製本

乱丁本・落丁本はお取り替えいたします。
© Masaru SAGAI 2014, Printed in Japan
ISBN978-4-7807-1155-4　C0036

がんを産み出す社会

ジュヌヴィエーヴ・バルビエ
アルマン・ファラシ 著／天羽みどり 訳

世界にはびこる、がんを生む経済システム

私たちはもう大分長いあいだ癌化した社会に生きている。利益の追求が自己目的化し、経済の発展が無反省に優先されるとき、人類は周囲の動植物を巻き込みつつ、自らも破滅に向かわざるを得ない。癌生社会を支えるメカニズムの正体とはいったい何なのか!?

A5判・192頁・定価：1700円（+税）
ISBN978-4-7807-0953-7　C0047

がん難民をふせぐために

抗がん剤・放射線治療の基礎　そして福島へ

井手クリニック院長
日本外科学会専門医　**井手 禎昭** 著

"がん難民"にならないための一冊！
がん患者と最期まで向き合う医師が、がんとはなにか、治療の最前線と抗がん剤の効果・副作用まで、やさしく説く決定版

A5判・226頁・定価：1500円（+税）
ISBN978-4-7807-0971-1　C0047

TEL03-5800-8494　本の泉社　FAX03-5800-5353